JN087638

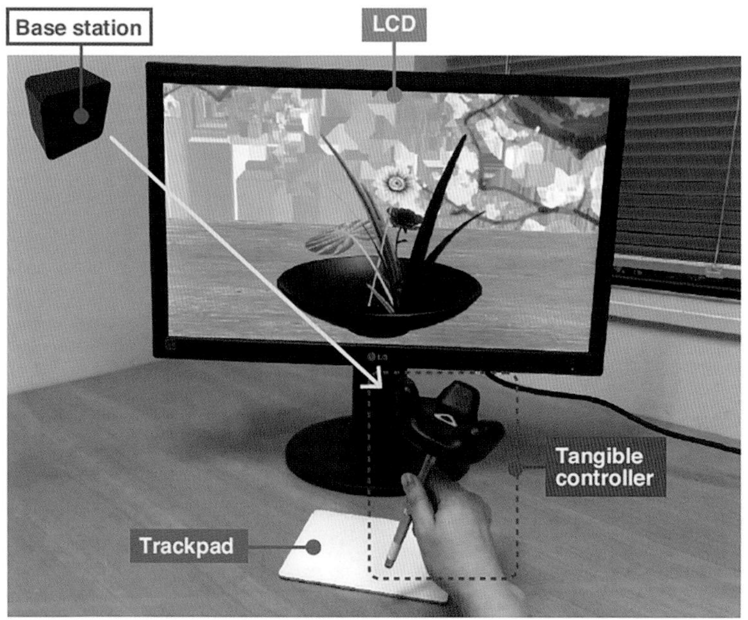

＜口絵－1＞　視覚と体性感覚の出力インタフェースの一例：
デジタルいけばな練習システム（図 9–5）

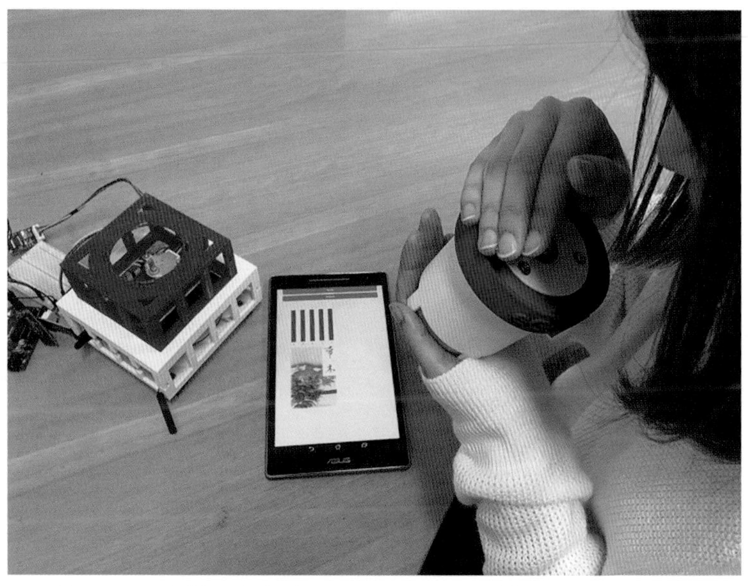

＜口絵－2＞　嗅覚の出力インタフェースの一例：
香道体験システム（図 9–6）

＜口絵−3＞　ドイツのクラインガルテン（上）とスイスのファミリエンガルテン（ジャルダン・ファミリオ）（下）の例（図 10−1）

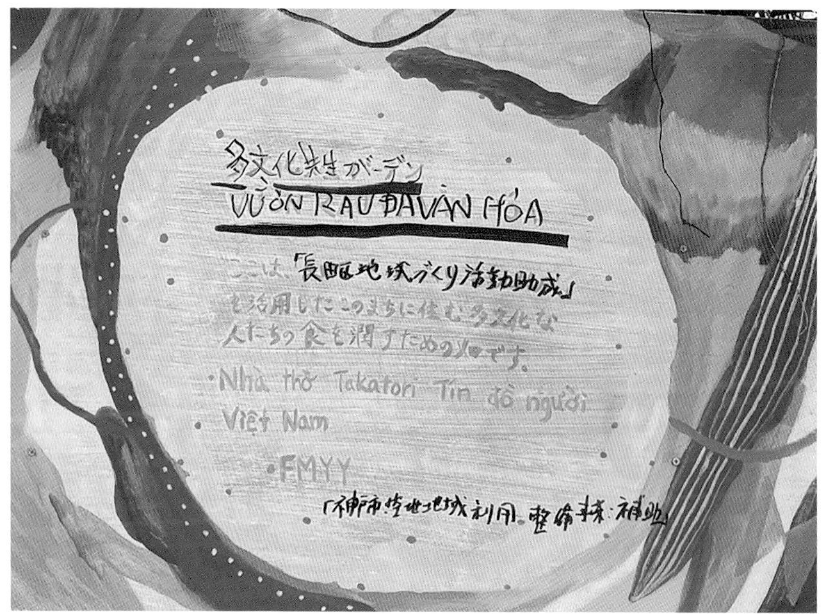

<口絵－4>　神戸市長田区の多文化共生ガーデン（上下共）（図 11－6）

＜口絵－5＞　ソーシャルデータと快適度指数に基づく街案内サービス「Spy On Me」（図 12－1）

Current distribution of all MiFish metabarcoding samples

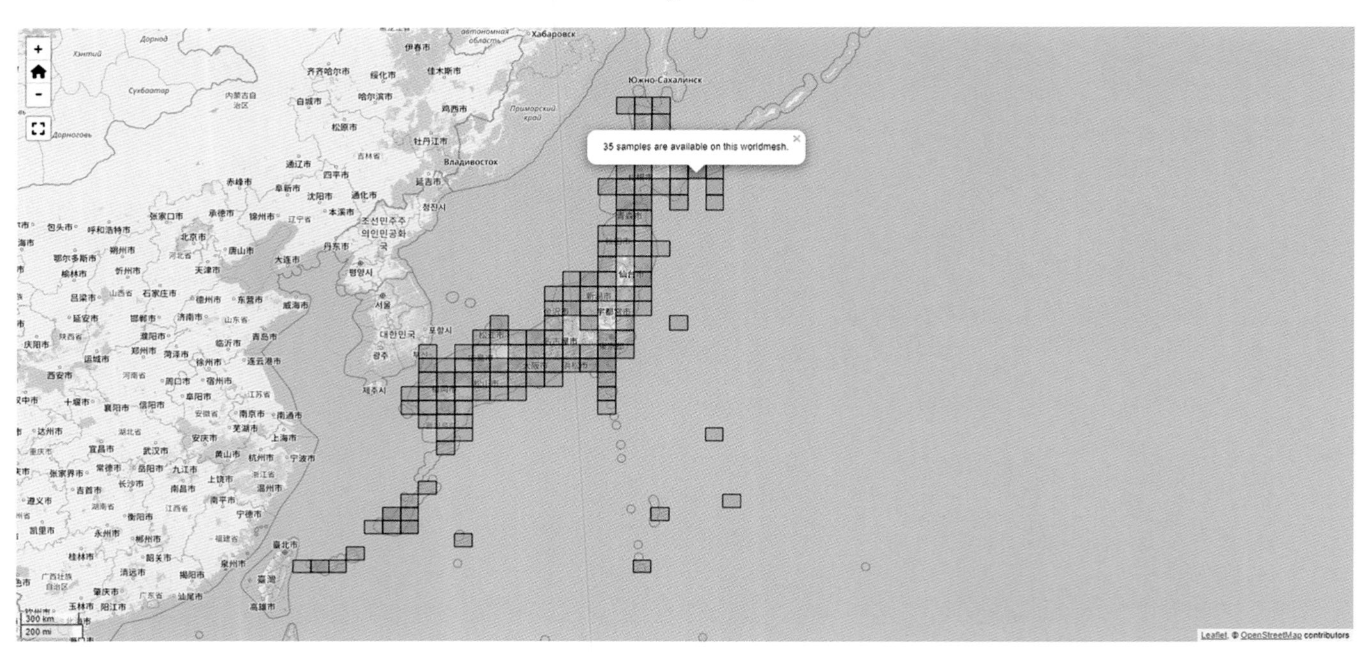

＜口絵−6＞　環境 DNA を用いた魚類調査によるオープンデータ「ANEMONE DB」
https://db.anemone.bio/（図 15−3）

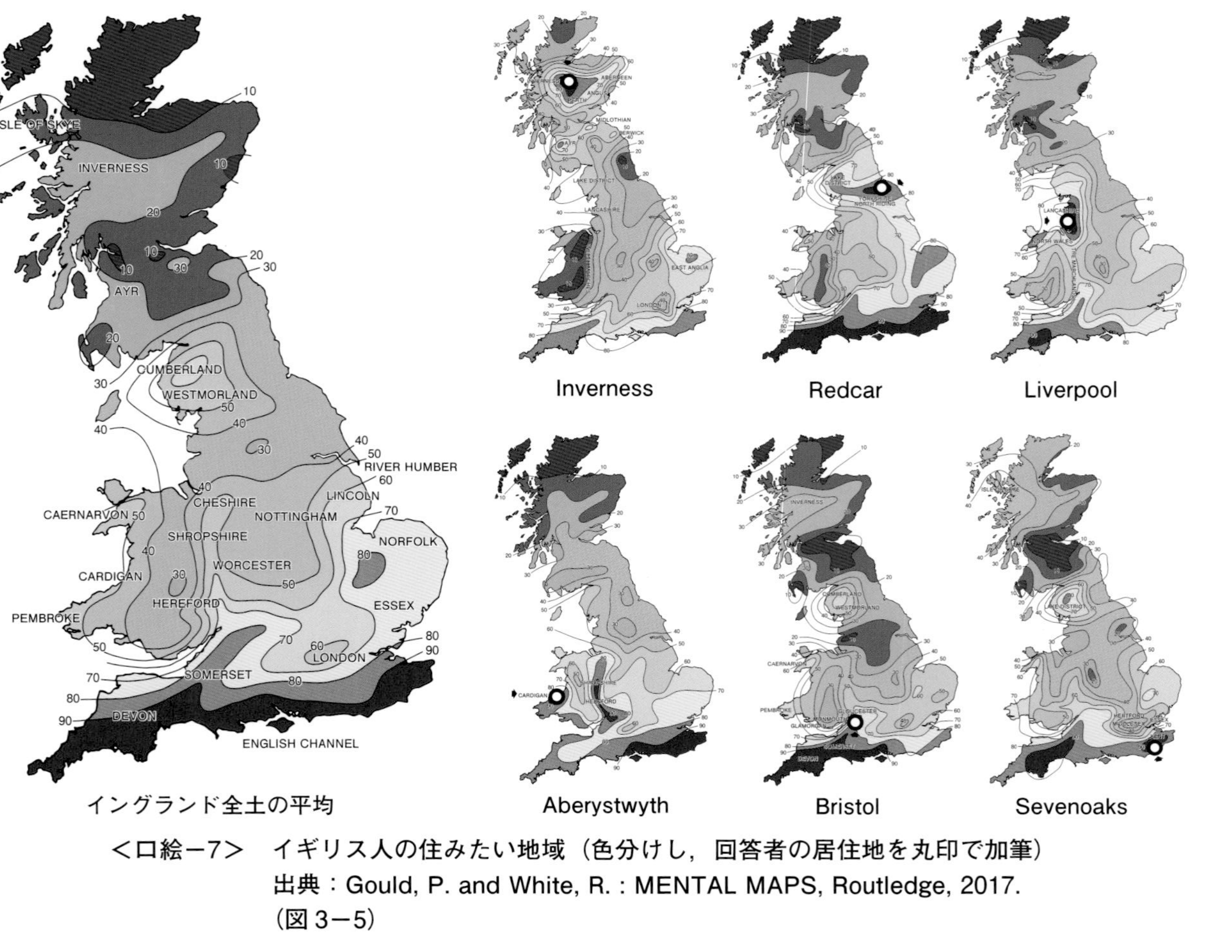

＜口絵−7＞　イギリス人の住みたい地域（色分けし，回答者の居住地を丸印で加筆）
出典：Gould, P. and White, R.：MENTAL MAPS, Routledge, 2017.
（図 3−5）

ソーシャルシティ

（新訂）ソーシャルシティ（'23）

装丁デザイン：牧野剛士
本文デザイン：畑中　猛

s-60

まえがき

ソーシャルシティと聞いて，どのようなまちをイメージされるだろう。最先端の情報通信技術（ICT）を駆使し，究極的な利便性や機能性を目的に設計された都市空間だろうか。そのようなまちは，はたして住みやすいのだろうか。そもそも，住みやすいとはどのような状態であろうか。私たちがまちに出かけるとき，まちの情報をどのように手に入れているか思い返してみると，昼食で行きたいレストランを選ぶときには，Webの口コミサイトの評価を見て決めたり，まちに着いてから目的のスポットまでは，スマートフォンの電子地図が案内するナビゲーションに従ってたどり着いたりすることが日常的になっている。これらの行動で参照している情報は，仮想空間にあるインターネット上の情報なのだが，まちなかでこのようなことができるということは，私たちが日常空間でいつでもどこでも仮想空間と繋がっていられる（オンライン）ということを意味している。

このようなことが可能となった背景には，ICTの発展やスマートフォンなどの持ち運ぶことのできる携帯情報通信端末の普及があるのだが，多くの人が日常空間において常にオンラインであるということは，個人がいつでもどこでも，仮想空間に対して情報発信が可能であるということも意味している。携帯電話が普及し，どこでも電話ができることは当たり前になったが，常にオンラインである携帯情報通信端末を持ち歩くと，携帯電話だけでは体験できなかった，グループ同士でのコミュニケーション，不特定多数のコミュニティへの情報発信，文字や画像でのコミュニケーションなど，多種多様なコミュニケーションが可能になり，場所や時間に縛られず多くの人と様々な形態の情報が交換できるようになる。

一方で，現代の都市空間においてはコミュニケーションの機会が減っているという声も耳にする。まちの近代化の過程において，交通の利便性を重視した土地利用や，モノの消費価値を重視する大型商業施設の設置による小売の業態変化で商店街のようなまちの構成要素が少なくなったのも，そのようにいわれている要因といえるであろう。地方都市では，どこの都市でも同様に見かける店舗が並ぶ大型商業施設があり，その周辺のアーケード街は閑散としているのをよく見かけるようにもなった。確かに，そのようなまちではまちの活性源となるコミュニティは生まれにくいだろうし，来街者にとってはまちの魅力も少なく感じられるであろう。

そのようななかで，まちの価値をどう見出すかという議論は様々な視点から行われている。そして，コミュニティの場を設ける，魅力的なデザインの施設をつくる，まちの施設を回遊しやすい工夫をする，など様々な試みがなされている。また，現代のまちにおいては，先に述べたように来街者の多くが常にオンラインの状態であり，そのような状態に見合った利便性の提供とまちの活性化のために，情報通信技術を応用した仕組みが急速に導入されつつある。たとえば，設置場所と貸し自転車の空き状況がスマートフォンから確認できるレンタサイクル置場や，空室の有無が入り口のデジタルサイネージにて確認できる公衆トイレなどは，その一例と言えよう。また，スマートフォンやデジタルサイネージを窓口として，実空間と仮想空間が常に繋がった状態にあると，まちにいる人が発信する情報はまちに蓄積され，それを利用してまちをテーマとしたソーシャルなコミュニケーションが活性化される。つまり，近代都市で希薄になっていた人と人とのコミュニケーションが，情報通信技術の利用によって促進され，まちの活性化につながることが考えられる。

ここで冒頭の問いに戻ろう。最先端の ICT を駆使し，究極的な利便性や機能性を目的に設計されたまちは，はたして住みやすいのだろうか。

筆者らは利便性や機能性を向上させることに力点を置くこれまでの「スマートシティ」という表現をはなれて，人々のコミュニケーションを促進する要素技術としてICTの実装をはかるコミュニティ空間「ソーシャルシティ」にこそ，その解があるとみている。人類の欲望の肥大化にともない，まちのかたちは時代とともに変貌を遂げてきた。かつてB. J. パインⅡとJ. H. ギルモアは著書『経験経済』（新訳，ダイヤモンド社，2005）のなかで，経済学的な視点から社会の歴史的な変遷を説明しているが，彼らの視点をコミュニティ空間の変遷に置き換えるならば，初期のコミュニティ空間とは，「農耕の場」であった。稲作を例にとると，農耕の場ではコメそのものを生産の対象とし，そのために最適化された原始的なコミュニティ空間のかたちである。

次に，「産業の場」が登場する。産業革命などの恩恵を受け，コメそのものではなく，「パッケージ化された商品」を生産の対象とする新たなコミュニティ空間である。この産業の場において生産地から商品を加工する地域へ，そして消費地へとフードシステムは地理空間的に拡大していく。単にコメを精米し袋に詰めるだけといったプリミティブな工程にとどまらず，生産地別に袋のデザインを変えることで地域のブランドを確立し他の商品との差別化を試みたり，精米の磨き度合いを変化させることで品質の違いをアピールしたりするなど，商品をその利便性や機能性によって差別化する動きである。同時に，産業の場の出現によりさまざまな差別化が可能となったことで，生活者は商品を自身のライフスタイルに応じ選択することもできるようになる。

第3のコミュニティ空間は，「サービスの場」である。米国では1950年代に，サービス部門の就業人口が全体の5割を超えるなど，商品生産の効率化により多くの企業がそれまでの労働部門からサービス部門へとリソースをシフトさせていく。美味しいご飯を食べたいが，準備も片付けも面倒だとか，自宅に炊飯器などの自炊環境がない人にとって，あたたかいご飯を店ですぐ食べられる状態で提供する。それが「サービス」である。この場合の生活者の欲望とは，文字通り「世話をしてもらう」ことにあった。

しかし，やがてサービス競争は激化し，割引キャンペーンなどの低価格化や無料化といったサービスが登場しはじめる。そのような低価格を支えたのは生産技術のさらなる向上に加えて，情報通信端末の性能向上とインターネットの普及にともなう無人化・省力化技術の発展である。従来は人が担ってきた機能の多くを，システムで代替できるようになったことで，サービスを柱とした空間に代わる新たな場として「経験の場」，つまり仮想空間（外部）にある知をリアルタイムに実空間にて活用することで実現する「スマートで特別な体験」に人々の関心が集まるようになる。このスマートで特別な体験とは，おもに一段上の接遇サービスの提供であった。店にとって上客であるか否かが主に金銭的な価値評価尺度を用いて計測され，一般の客単価を上回る顧客に対して例えばECサービスでは送料が無料化されたり，より早く届けてもらえたりといった優遇策がとられるようになる。

一方で，そのような優遇策を展開することは，持つものと持たざるものの間に大きな溝を生むこととなった。結果として，持たざるもの，なかでも若年層を中心に金銭的・物質的な豊かさよりも精神的な豊かさや多様な生き方を尊重するダイバーシティ（多様な価値観）を重視する声が高まりをみせていく。従来の物質的な豊かさの度合いを金銭的な評価尺度で計測するのみならず，より多様な価値観コミュニティ（集合体）それぞれの価値観を包摂する「豊かな包摂の場」が求められるようになってきた。そのような空間では生活者どうしのコミュニケーション機会の最大化や，生産者と消費者の情緒的なつながりを模索する動きがみられ，商構造においても都市生活者が自身の価値観に近い生産者や生産地域とのつながりを求めて応援消費を行うといったフードシステムの逆流現象や，自らも生産活動の一端を担おうとするCSAなどのように循環型のライフスタイルを模索する動きなど，産業革命以後に固定化した消費地と生産地との関係性にも変化が生じはじめている。

こうした都市空間のコミュニティ構造の変化に着目し，本講座では「ソーシャルシティ」として捉えていく。従来スマートシティとしてICTの利活用による利便性や機能性の向上に力点を置いたまちの姿が議論されてきたが，人々が日常の暮らしの中でそれぞれの価値観に照らし豊かな体験を享受できるようコミュニケーションの促進技術としてICTを導入する未来のまちのすがたについて，より歴史的・文化的な視点から議論を展開する。本書においては，現代のまちをみる視点やまちづくりの施策の効果をどのように評価していくのかという方法について，実際の例を交えながら解説していく。また，これからのまちづくりやまちの評価に，どのような情報通信技術の適用やサービス提供の形態があり，人と人とのコミュニケーションはその中でどのような意味を持つのか，技術的な側面及び社会行動解析の側面から解説を試みる。人々が日常の暮らしの中で豊かな体験をできる未来のまち「ソーシャルシティ」を想像しながら，本書を読み進めていただければ幸いである。

最後に，本書を含む講義「ソーシャルシティ」の作成にあたり，放送大学教育振興会の榊原泰平氏，放送大学プロデューサーの佐藤洋一氏，NHKエデュケーショナルの福島正人氏，生徒役の草生慶子氏をはじめ，多くの方にお世話になったことに，感謝を申し上げたい。

2023年3月

株式会社電通グループ　鈴木淳一

放送大学　川原靖弘

目次

1 スマートシティに求められるもの

川原靖弘

《目標＆ポイント》 ICT（情報通信技術）を活用した機能性利便性のみならず，人間の快適で豊かな生活を追求する持続的なまちづくりへの挑戦を「ソーシャルシティ」による新たな動きとしてとらえ，最新の事例を取り上げながら，まちやまちづくりを考える枠組みを概観する。とくに，生活者とまちづくりとの関係，まちづくりの仕掛けとICTとの関係，そしてスマートシティにおけるサステナビリティの考え方にふれながら，本書の構成を概観する。
《キーワード》 まちづくり，都市計画，IoT，モバイルICT，ソーシャルメディア，コミュニティ，サステナビリティ

1. まちづくりの新しい動き

（1）都市計画構想

現在，日本の都市計画やまちづくりは大きな転換点にあるといえる。それは，一つには，少子高齢化にともなって，人口減少時代を迎え，これまでの都市計画やまちづくりの考え方に大きな変革が求められているからである。例をあげると，高度成長期に建設された郊外の大きな住宅団地。高齢化が進み，若者の居住者も減って，大きな施設をどのように維持管理していくのか，介護や交通などの様々なサービスをどのように維持していくのかが問題となっている。また，ＡＩやビッグデータを活用し，社会の在り方を根本から変えるような都市設計を行う都市整備（「スーパーシティ」構想）も内閣府主導で行われている。そこでは，国際的な都市間競争の背景（参考文献［1］）もあり，国際的な都市競争

力を向上させ，一時の実験都市ではなく都市として機能していく都市戦略が問われている。また，中山間地域での生存戦略や，広域の都市間連携戦略をどのように考えていくかも大きな課題である。いずれの課題についても，これまでのような，国や地方行政による一律の画一的な戦略ではなく，それぞれのまちや都市の独自の創意工夫が込められた戦略が求められている。また，これまで，地域の住民や民間企業，事業体は，意見は述べることはできても，作成された公的な計画を受け入れる主体でしかなかった。しかし，現在は行政，住民，企業，事業体が協働して，都市戦略の作成にかかわるとともに，都市戦略の実行可能性を高めるために，戦略の実施と運営・評価にも協働してかかわることが求められている。

ここで，20世紀以降の著名な都市計画構想について，いくつか取り上げてみよう。1922年にル・コルビュジェ（スイス生まれの建築家）が提案した人口300万人規模の都市は，高層ビルと集合住宅による利用する建物の密集により都市部に公園やオープンスペースを増やし，交通手段を機能的に配備するものである。この提案は，1930年に「輝く都市」の計画理論として拡張され，1933年にCIAM（近代建築国際会議）にて「アテネ憲章」に盛り込まれ，戦後の世界の都市計画に大きな影響を与えている。「アテネ憲章」では，都市は，「太陽・緑・空間」を持つべきとされ，その機能は「住居」「労働」「余暇」「交通」であるとされている（参考文献［2］）。1944年にパトリック・アバークロンビー（イギリスの都市計画家）により計画された大ロンドン計画は，緑豊かで職住近接とするエベネザー・ハワードの田園都市構想が継承され，中心部の過密を解消しかつ周辺の無秩序市街地形成を防いでいる計画である。都市中心から，ロンドン市街地，郊外部，グリーンベルト（中心部から30～50kmの緑地帯），田園地域（この地域で「ニュータウン」と呼ばれる小都市が計画された）と同心円状に各地域が配置されている。イギリスの生物学者であるパトリック・ゲデスは，都市間の関係性や時間的変化にも着目し，予備的なフィールド調査による観察記録を科学的に時空間解析することにより，都市の進化を予測しながら進める必要性を説く都市計画論を提唱し，この理論は1915年の著書「進化する都市」で公表されている。この手法による都市計画は，生態的都市計画と呼ばれている。20世紀前半の機能性重視の近代都市計画による，単調な都市空間の生成やコミュニティの衰退などの社会問題に着目し，都市の多様性を主張したのがアメリカの都市経済学者ジェーン・ジェイコブスである。著書「アメリカ大都市の死と生」で，多様性を生成する4つの条件として，1. 地区の多くの場所が複数の用途で利用できる。2. 街区が短く街路が頻繁に利用される。3. 様々な年代の建物が混ざっている。4. 人口密度が高い。ことが述べられている（参考文献［3］）。1990年代にアメリカで広まった郊外市街地開発構想であるニュー・アーバニズムは，歩行と公共交通中心で生活ができ，伝統的なコミュニティの価値を見直す都市設計論であり（参考文献［4］），イギリスではアーバンビレッジ，EUや日本ではコンパクトシティとして同様の概念で都市設計がされている。

これらの都市計画構想やその実施は，都市開発の技術やインフラの可能性を更新する産業革命ともリンクしている。20世紀前半の都市計画は，電気・石油も新たな動力源とする工業中心の経済発展および社会構造の改革をもたらした第二次産業革命による技術革新が大きく寄与している。20世紀後半のコンピュータなどの電子技術やロボット技術を活用したマイクロエレクトロニクス革命により，様々な自動化が促進した第三次産業革命により，マイカーの利用や都市における施設の設置は加速され，副次的に生じた「健康的な生活」の消滅した項目が20世紀後半の都市計画論で指摘され，各地で新たなコンセプトでの都市開発がされてきた。第4次産業革命では，インターネットの普及とあらゆるモノがインターネットにつながるIoT（Internet of Things）の発展とその技術貢献により，現在，新たな経済発展や社会構造の変革があらゆる分野で議論されている。

（2）スマートシティ

このような技術革新を背景に，センシング，モニタリングの技術と連動したIoTやインダストリー4.0など，生産技術をネットワーク化し，新たな産業革命をもたらそうとしている。電力自由化の例でいえば，スマートメーターによる電力使用のモニタリングを全世帯で行って，エネルギーの効率的利用に結び付けようとする試みなどがある。

このような情報化の進展は，まちづくりの分野にも及んでおり，現在ではスマートシティと呼ばれる都市の構築に各国が力を入れている。例えば，バルセロナ（スペイン）では，インフラとして整備したWiFiを利用し，センシングによる人や車の動きの情報が，空き駐車場の情報の提供や，街路灯を利用した見守りサービス，ゴミの自動収集サービスに活用されている。ソンド市（韓国）では，スマートシティの機能として，集合住宅の自動ゴミ集積機能（ゴミ収集車がいらなくなる），遠隔教育や遠隔医療サービスの組み込みが特徴的である。ソンド市のような，都市でなかったところで新たに行う都市開発をグリーンフィールド型の都市開発と呼び，これに対し既存の都市の再開発はブラウンフィールド型の都市開発と呼ばれている。雄安新区（中国）は，グリーンフィールド型のスマートシティで，AIや自動運転等を駆使した都市を目指している。例えば，荷物の自動配送や顔認証による受取りなどライフラインの更なる自動化を実現させている。この他，生態環境への配慮とコミュニティサービス体系の構築も計画にあり，どのように実現されるのか注目が集まっている。

(3) ソーシャルシティ

本書の表題「ソーシャルシティ」について考える。これまでのまちでは，地縁，血縁やface-to-faceのコミュニケーションによって人と人との関係やコミュニティが形作られてきた。しかし，上述のように，インターネットを利用した移動通信やソーシャルメディアの進展により，これらを通したコミュニケーションによって人と人との関係やコミュニティが形成される可能性が高まってきた。つまり，まちのあり方が情報化の進展によって大きく変わったのである。本書では，「ソーシャルシティ」を，IoTやCPS（Cyber Physical System）を実現する技術やSNSなどのソーシャルメディアを人と人とのコミュニケーションのための情報基盤として積極的に活用し，コミュニティ形成やサステナブルなまちの活性化を図っていく都市と解釈し，議論を進める。

まちづくりや都市計画には，その場所にどのような用途の建物が建築可能で，敷地面積に対して，どの程度の建蔽率，容積率の建物が可能かなどのルールが定められてきた。最近では，特区という形で，活動システムの一部として，通常，許容される活動の範囲を定めた規制・ルールの枠を，特区では取り除くなどの試みも行われている。また，一方では，用途や容積率の決定，道路の路線の決定などの公的な計画では，ゾーニングや街路のプランそれ自体を，どのような手続きで決めていくかのルールも定められている（参考文献［5］）。これらのルールのことを，一般的に「制度」と呼んでいるが，都市計画については，都市計画制度と呼ばれている。本書では，これらの制度の内容の詳細には立ち入らず，原点に立ち戻って，広い意味で，それらの制度やルールが生成されてくる社会的意思決定の仕組みに視点を向けることにする。

このような見方をとるのは，一つに，まち（都市）を静的なシステムとして見るのではなく，まち自身に，まちを変えていく仕組みを内包する，自己発展的な動的なシステムとして捉えたいということがある。さらに，都市計画というと，国や公的主体などの単一の主体がすべてを決めるというイメージを持つかもしれないが，そうではなく，まちはそこにかかわる多くの人々の意思決定の積み重ねの結果として形成されていくものであるとの考え方をとりたいからである。

多様な主体の都市空間上での様々な意思決定がどのような情報のやり取りのもとで行われ，それがどのような活動となって現れているのか。今までは，これを個々の行動主体の情報の相互作用の観点から，計測，記録し，それを予測やまちづくり政策に反映させる，といったことは不可能であった。それが，新たなモバイルICT（情報通信技術）やビッグデータ技術の進展によって，可能となる環境が整いつつある。これによって，まちづくり政策の評価が，エビデンスや事実にもとづいた，より科学的なものになる。同時に，まちづくり政策が，どのような主体に，どのような効果をもたらしたのか，明示的に記述した，マイクロでより精度の高い評価ができる可能性が高まってきた。

これまでの都市計画やまちづくり政策の評価の研究の流れは，次のようになる。現在でもそのような考え方を引き継いでいる研究が大部分であるが，当初は，人口統計などの公的な統計データを利用した研究が主であった。これらの公的統計は，典型的には，国勢調査などの統計調査で集められた原票の集計データである。つまり回答者が回答を記入した個票を集計したデータを公表しているものである。集計したデータであるから，集計される前の個票に反映されている，個々の主体がどのような決定をしたのかの情報を引き出すことができない。

しかし，期を同じくして，交通行動や住宅地選択の研究を手始めに，個別の消費者の選択行動を分析できる統計的手法が発展してきた（参考文献［6，7］）。現在では，消費者の都心での購買行動の詳細なデータ（マイクロデータ）を収集し，これを使って，消費者が，都市という物的システムの上で，購買行動という活動をどのようなメカニズムで行っているのかを分析することが可能であり，例えば，消費者の都心部回遊行動調査にもとづく回遊行動研究は，このようなマイクロデータ分析の流れの中にある。

しかし，ここでのマイクロデータでも，記録されるものは，個々の消費者の意思決定の結果として，選択された「行動」の履歴データである。購買行動途上の消費者が都市空間上でどのような情報のやり取りをしながら，そのような選択行動をとったかの分析を行うためには，消費者が都心商業環境とどのような情報の相互作用を行ったかの履歴データが必要である。これを可能にするのが，新たなモバイル ICT とビッグデータ技術である。ここにソーシャルシティの新しい可能性と意義がある。

さらに，都市で活動する人とともに都市が都市としての機能を保つためには，定期的な都市の評価により都市のメンテナンスがなされるが，上記のマイクロデータの自動収集や CPS を実現させる情報通信技術（ICT）や AI を活用することで，都市の個々の利用者への個別のサービス，活動する人に即した形のまちのメンテナンスが，リアルタイムに実現する可能性があり，自律的な都市形成システムとして機能することが期待できる。これまでのまちづくり政策では，ハードな物的施設の開発など，政策の立案から竣工まで，10 年，20 年といった，長いスパンの期間が想定されていた。イベントやマーケティングなど，よりソフトなまちづくり政策では，モバイル ICT を用いれば，その政策効果をリアルタイムに計測できるなど，まちづくりのリアルタイム化が進展する。実際，国内でも，市民がインフラなどの不具合を見つけたときに公開するシステムが存在する。スマートフォンで利用するアプリと連動する My City Report（参考文献［8］）というシステムで，市民がまちの問題点を，いつでもどこでも，位置，写真とともにテキストデータで行政に送り，公開されまちで共有されるというシステムである。これはオープンガバメントを推進するシステムであるが，まちに蓄積する様々なデータを用いることで，リアルタイムなまちづくりが進展していくことになる。

2. ソーシャルメディアとコミニュケーション

（1）モバイル ICT

スマートフォンを持ち歩くと，いつでもどこでも情報の送受信ができ，これはスマートシティが実現されるための重要な要素となっている。このような状況を実現するための大きな原動力となっているのがインターネットである。インターネットは，ヴィントン・サーフとロバート・カーンによる通信方式 TCP/IP プロトコルの開発とそのプロトコルのオープンな提供，そして，オープンなシステムである Web（World Wide Web）のティム・バーナーズ＝リーによる考案により，1990 年代に普及した。高速な公共無線回線の整備とスマートフォンに代表されるモバイル情報通信端末の開発，そして端末による GNSS（Global Navigation Satellite System，全球測位衛星システム）の利用が，まちなかにいる人が常にオンラインで情報通信を行い，利用者の行動に合わせた情報提供やナビゲーションサービスを享受できる空間をつくり出している。この空間の出現は，まちの住民や利用者の情報を常にモニタリングすることによる有用なサービスの送出を可能にする部分もあるが，住民や利用者が自ら情報発信を行い，リアルタイムなまちづくりを継続していくというシステムを稼働させることも可能にする。まちの利用者だけではな

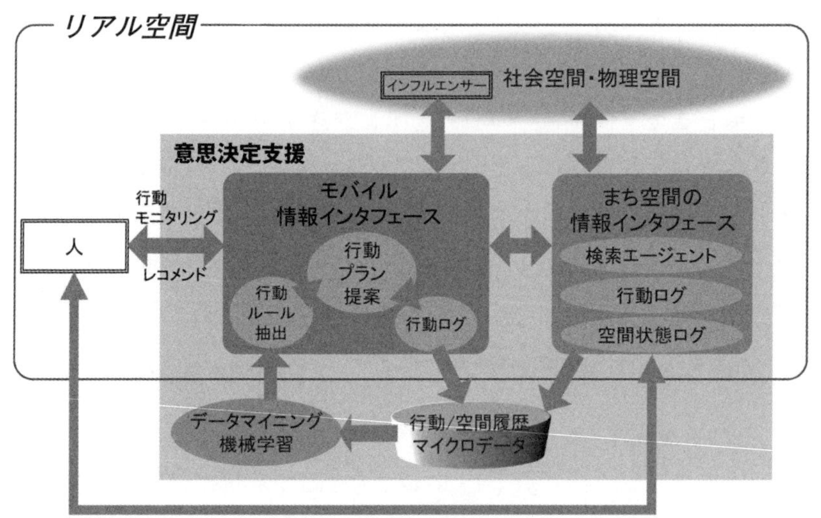

図１－１　ソーシャルシティにおける情報利用

く，建造物や移動手段などのモノもインターネットに常時接続され情報を送受信していることが，IoT といわれている状況で，スマートシティを実現するための基礎となる。さらに，個々の人やモノに対する最適なサービスや制御をリアルタイムに施す為に AI（Artificial Intelligence）が用いられる。これらの基盤技術が実現するソーシャルシティにおける模式的な情報の流れを図１－１に示す。現実空間としての物理空間，社会空間を，人や移動体，そしてまち空間のインタフェース（情報接点）がどのように情報を媒介しコミュニケーションを行うことで，個々の利用者に適合したサービスを内包する都市が維持されていくか，本書を通して考えていく。

（2）ソーシャルメディアの利用

Facebook や Twitter に代表されるソーシャルメディアの利用の拡大

に伴い，生活者同士で情報の交換や共有が至る所で行われている。ソーシャルメディアとは，インターネットを利用し，個人が情報を発信して広く人々と交流する媒体やオンラインサービスのことで，私たちの生活においては，日常的に利用する情報インフラ，つまりひとつの社会基盤になりつつある。現在は，スマートフォンの普及により，多くの人がいつでもどこでも利用しているメディアである。

まちづくりにおいても，まちの情報と関連づけてソーシャルメディアを利用する仕掛けをまちに施すことで，人とまち，人と人とのコミュニケーションを通して，まちの活性化を促進しようとする取り組みがある。まちなかでのソーシャルメディアを用いたコミュニケーションは，主にスマートフォンなどの情報通信端末を用いて行われるが，携帯情報通信端末を用いることで，位置情報などのまちの情報を伴うコミュニケーションが可能になり，その結果，実空間における対面でのコミュニケーションに結びつくというソーシャルメディアの利用形態もある。まちなかのスポットや店舗から，その近くにいる人が所持する携帯情報通信端末にソーシャルメディアを用いた情報発信をする方法もその一形態と言える。ソーシャルメディアを用いて実空間での意思決定を行い，訪問したスポットや店舗で生まれる人同士の交流は，コミュニティ形成を促し，まちを活性化する要因になると考えられる。

（3）まちにおけるソーシャルメディアの有効性

まちの利用者がまちで過ごす際に，どのようなコミュニケーションが行われるのであろうか。役に立つ場所や気に入っている場所についての情報交換や，店舗での会話，そして実空間での集いなどが考えられるであろう。ICTを活用したまちづくりにおいて，多くの生活者は，コミュニティの形成を課題として認識しており，その活性化に期待をしている

(参考文献［9］)。このコミュニティの形成と活性化，つまり実空間でのコミュニケーションの場の形成を促進するための媒体として，ソーシャルメディアが想定できる。

ソーシャルメディアを利用した情報交換は，顔見知りの知人同士で行うことが多いが，その中には一度しか会ったことがない人や，web上でのみの付合いの人もいるであろう。ソーシャルメディアでの情報伝達やコミュニケーションにおいて，その相手が実空間上で知り合いである方が，伝達される情報の影響力が大きいことが実証されている（参考文献［10］)。さらに，伝達される情報の影響力の指標として，相手との直接的な交流の回数が有用であるという報告もある（参考文献［11］)。このような仕組みを利用することにより，人が媒体となり人とまちとの間にコミュニケーションが生じる，若しくはまちが媒体となり人と人とのコミュニケーションが生じる仕掛けをつくることをまちづくりの一環として考えることが可能になる。具体的な例は，後半の章で解説する。

3. サステナビリティとコミュニティ

(1) スマートサステナブルシティ

2015年9月から全世界が取り組んでいるSDGs（Sustainable Development Goals，持続可能な開発目標）は，世界の継続的な成長を実現するための目標で，貧困や飢餓や環境問題を含む世界共通目標を17項目で示しているが，その中に「持続可能な都市」という目標もある。つまりSDGsを実現するために，都市においても，環境問題，社会問題を包括的に考えることが，世界共通の課題となっている。

現代の都市開発の流れは簡単に述べてきたが，SDGsを考える上では，さらにいくつかの観点に着目する必要がある。一つは，都市が生態系の一部であるということである。都市のある空間は人間を含む動植物と環境の相互作用により成り立っており，環境には人間がつくりだした人工物も含まれる。サステナブルな都市というのは，生態系の構成要素の相互作用を考慮しながら，人間の健康的な生活や生態系のバランスそして社会や経済活動を維持できる都市と考える。都市部においては人口は増加の一途であり，2050年に世界人口の68％を占める（参考文献［12］）とされている変化を考えると，エネルギーや土地，その他の資源の使用の観点からも，都市のインフラや人間の生活，そして生態系のバランスが限界を迎えないような仕組みをまちに施すことは必至である。先述のニューアーバニズムの時代には，都市におけるサステナビリティとコミュニティに関する課題が探究され，都市設計に貢献した（参考文献［13］）。そして現在，スマートシティにおけるICT活用のアイデアが至る所で実行に移されている（参考文献［14］）。この流れの中で，スマートサステナブルシティという概念が生まれている。持続可能（サステナブル）な都市とスマートシティとは，それぞれ別々のアプローチで構想されることが多いという問題点を踏まえ，スマートな都市の把握，分析，計画を都市機能の維持に結びつけるという課題に取り組むべく，提唱されている概念である。この視点で，経済的，環境的側面に関する議論は都市設計のレベルで行われているが，社会的要素にはあまり焦点が当てられていないのが現状である。この中で，ICTがまちづくりへの市民の関与を促進し，ソーシャルキャピタルの醸成と活用に有効であることが指摘されている（参考文献［15-17］）。また，スマートサステナブルシティを評価するための指標として，複数の国際標準が存在する（参考文献18-24］）。これらの指標は，スマートシティの実現に適した指標とサステナビリティの評価に重点を置いた指標とに分かれるという指摘もある（参考文献［25］）が，スマートサステナブルシティにおいては，このような指標を都市設計のフェーズ毎に効果的に用いながら，時間的にも空間的にも高解像度で都市を管理しながら運営していくことが可能と考えられる。都市の要素が常にオンラインになっている空間においては，持続可能な都市管理において，市民参加も促しながらリアルタイムに調整が可能なまちづくりの仕組みを作り出すことにICTが効果的に利用できる。

（2）エシカル行動とまちづくり

人間が活動し管理していく都市においては，人間が行動をすることによりサステナブルな都市が形成され，保たれる。日常生活から経済活動まで，ICTが活用できるようにインフラが整備された現代都市においては，その技術を利用することで，個人および企業のエシカルな行動（倫理的な配慮のある行動）を促す仕組みを考えることができる。環境保全に貢献したり，社会福祉に協力したりするエシカルな行動や活動をオープンな形で個人が管理することにより，その行動の履歴をオンラインで共有することができる。行動の共有状況を解析することにより，エシカルな行動がどのような場面で生じるのか，それを通したコミュニケーションが発生するのか，把握することが可能で，その法則を見つけることで，サステナブルなまちづくりを行うための仕掛けを設計することも可能である。ソーシャルな行動をどのように活用しサステナブルで動的なまちづくりの仕掛けを作っていくのかということも，ソーシャルシティの概念で考えることができる。具体的な方法や事例は，後の章で見ていく。

4. 本書の構成

以上のように，モバイルICTを活用すると，まちの利用者とまちなかの情報とがどのような相互作用を行い，どのような意思決定を行ったのかの情報処理行動履歴データを得ることができ，これをもとに生活者の行動メカニズムを詳細に分析できる可能性が高まる。同時に，これをまちづくりに有効にフィードバックし，活用できるソーシャルシティの可能性が高まっていることが理解できる。本書では，現代のまちづくりの流れの中で，人間そして地球に必要な都市のあり方を展望しながら，各章が構成される。

本書の構成は，次のとおりである。第2章では，都市はどのように生まれ，また姿を変えてきたのか，都市を広い意味での「デザイン」の対象として眺めたときに浮かび上がってくる，ダイナミックな側面を素描する。第3章では，都市の価値に関する議論がどのように展開されてきたのかを解説する。特に近代都市を支える思想となった機能主義と，私たち自身の感じ方に基づく現代の街づくりの潮流に着目する。

第4章と第5章においては，まちのブランドはどのように形成されるのか，事例を通して，まち全体の社会的な価値を向上させるプロセスについて検討し，最近のマーケティング・リサーチの方法について概観する。また，まちのブランド・アイデンティティを生活者のブランド・イメージへとつなげていく「ナラティブ・ブランディング」の方法について説明する。

第6章から第7章においては，まちにおける情報通信技術とソーシャルメディアの利用やマイクロ行動データの収集について，その方法を技術的な面も交えて解説する。

第8章と第9章においては，スマートシティと自然なインタラクションについてのあり方を論じ，ヒューマンコンピュータインタラクション(HCI)・人間中心設計・ユーザビリティについて日常生活に密着したインタラクションの事例を挙げて解説する。また，ソーシャルシティで活用可能な次世代インタフェースについて事例を挙げて解説する。

第10章と第11章においては,「農」のコミュニケーションツールとしての役割に着目し, 地域に住む様々な人の居場所となっている欧米のコミュニティガーデンなどの事例を取り上げながら,「農」を組み込んだ新しい都市生活のあり方について考える。さらに日本における都市と「農」の独自の関係性を, 土地利用の変遷と併せて解説する。

第12章から第14章においては, まちの活性化や空間価値の一層の向上につながるICT導入事例について紹介し, Web3.0と呼ばれる新しいインターネット環境について, 求められている時代背景とともに解説する。また, ブロックチェーンの利用によるSSI（自己主権型ID）によるインターネット体験の管理が実現すると, 実空間での行動実績を証明するNFT（Non-Fungible Token）が簡便なインタフェースと共に実装される。まちにおける未来のNFT実装モデルについても解説する。

第15章では, 14章までを振り返り, ソーシャルシティにおいてインタラクティブに機能するまちなかのインタフェースの可能性, 人のコミュニケーションの可視化やその活用についてまとめ, さらに生態学的な観点から都市のあり方を展望する。

参考文献

[1] 浅見泰司, 栗田卓也, 中川雅之, 八代尚宏. 都市間競争時代の都市政策. 2016:70-5.
[2] ル・コルビュジェ（吉阪隆正訳）. アテネ憲章: 鹿島出版; 1976.
[3] Jacobs J. The death and life of great American cities: Vintage Books; 1992.
[4] Congress for the New Urbanism, Talen E. Charter of the New Urbanism:

Mcgraw-hill; 2013.
[5] 谷口 守．入門都市計画：都市の機能とまちづくりの考え方：森北出版；2014.
[6] Domencich TA. Urban travel demand: a behavioral analysis: North-Holland Publishing Company; 1975.
[7] McFadden D. Modelling the choice of residential location. North-Holland, Amsterdam: Cowles Foundation for Research in Economics, Yale University, 1978.
[8] My City Reportコンソーシアム．次世代型市民協働プラットフォーム「My City Report」. Available from: https://www.mycityreport.jp.
[9] 総務省．平成25年版情報通信白書．2013.
[10] Mani A, Rahwan I, Pentland A. Inducing Peer Pressure to Promote Cooperation. Scientific Reports. 2013;3(1):1735. doi: 10.1038/srep01735.
[11] Adjodah DD. Understanding social influence using network analysis and machine learning: Massachusetts Institute of Technology; 2013.
[12] UNPD (United Nations, Department of Economic and Social Affairs, Population Division). World Urbanization Prospects: The 2018 Revision 2018. Available from: https://population.un.org/wup/Download/Files/WUP2018-F02-Proportion_Urban.xls.
[13] Bibri SE, Krogstie J. Generating a vision for smart sustainable cities of the future: a scholarly backcasting approach. European Journal of Futures Research. 2019；7(1)：5.
[14] Chang J, Nimer Kadry S, Krishnamoorthy S. Review and synthesis of Big Data analytics and computing for smart sustainable cities. IET Intelligent Transport Systems. 2020；14(11)：1363-70.
[15] Bibri SE, Krogstie J. Smart sustainable cities of the future: An extensive interdisciplinary literature review. Sustainable Cities and Society. 2017；31：183-212.
[16] Bouzguenda I, Alalouch C, Fava N. Towards smart sustainable cities: A review of the role digital citizen participation could play in advancing social sustainability. Sustainable Cities and Society. 2019；50：101627.
[17] Granier B, Kudo H. How are citizens involved in smart cities? Analysing citizen participation in Japanese "Smart Communities". Information Polity.

2016 ; 21 : 61-76.

[18] European Telecommunications Standards Institute (2017a). ETSI TS 103 463 key performance indicators for sustainable digital multiservice cities. Technical specification V1.1.1. 2017.

[19] International Standardization Organization (2018a). ISO 37120:2018 Sustainable cities and communities — Indicators for city services and quality of life (2nd ed.). 2018.

[20] International Standardization Organization (2018b). ISO/DIS 37122 Sustainable cities and communities - Indicators for smart cities. 2018.

[21] International Telecommunication Union (2016b). Recommendation ITU-T Y.4901/L.1601 key performance indicators related to the use of information and communication technology in smart sustainable cities. 2016.

[22] International Telecommunication Union (2016c). Recommendation ITU-T Y. 4902/L.1602 key performance indicators related to the sustainability impacts of information and communication technology in smart sustainable cities. 2016.

[23] International Telecommunication Union (2016d). Recommendation ITU-T Y. 4903/L.1603 key performance indicators for smart sustainable cities to assess the achievement of Sustainable Development Goals. 2016.

[24] UN-Habitat, UNESCO, World Health Organization, UNISDR, UN Women, UNEP, et al. SDG goal 11 monitoring framework. 2016. Available from: http://unhabitat.org/sdg-goal-11-monitoring-framework/.

[25] Huovila A, Bosch P, Airaksinen M. Comparative analysis of standardized indicators for Smart sustainable cities: What indicators and standards to use and when? Cities. 2019;89:141-53.

1．都市におけるコミュニケーションを活性化させるために，ICTをどのように活用する方法があるか考えてみよう。
2．持続可能（サステナブル）な都市を管理するために，都市のどのような情報が把握される必要があるか，考えてみよう。

2　都市の変容のダイナミズム

北　雄介

《目標＆ポイント》 本書が主題とする「都市」とは，何なのだろうか。どのように生まれ，また姿を変えてきたのか。都市をつくっているのは一体，誰なのだろうか。本章では，私たちの暮らす都市を広い意味でのデザインの対象として眺めたときに浮かび上がってくるダイナミックな性質について，京都という街を題材に議論する。

《キーワード》 都市デザイン，都市の歴史，都市を動かす人々，都市を動かす力，都市と技術，京都

1．京都の街の物語

（1）なぜ京都なのか

まず，日本人なら誰もが知る京都の街の，歴史を簡単に紐解いていこう。なぜかというと，1,200 年を超える時間の中で，おおよそ都市やそのデザインにまつわる出来事を，ひととおり経験してきたのが京都だからだ。その歴史の全貌をあらわにすることは，何百の歴史書を持ってもいまだ成し遂げられていないことであるが，ここでは都市全体のかたち，特に街路空間の変容を中心に見ていく。然る後にこれを題材として，冒頭に挙げたような問いについて考えてみよう。

なお，ここでの「デザイン」とは，都市を変えようとするあらゆる行為を含むものとして捉える。すなわち都市計画をすることも，建物や道をつくることも，決まりをつくることも，また日々の暮らしの小さな工夫もデザイン行為として考える。

(2) 平安京の建都

都市としての京都のはじまりは，8世紀末に桓武天皇らが構えた平安京にある。この平安京は，長岡京の後継の都である。平安京から南西に10kmほどのところにつくられた長岡京は，低湿地にあり，疫病が流行した。この疫病は，政争の末に非業の死を遂げた早良親王の祟りだとも言われていた。長岡京はわずか10年で破棄され，京都盆地に新天地が求められた。

その京都盆地は三方を山に囲まれ，水陸ともに交通も至便。当時影響の大きかった中国の，風水思想からも理に適った土地であった。そして桓武政権は，これもまた中国（唐の長安）に倣った，東西南北に格子状に街路が走る，整然とした都市をつくりあげた（図2－1）。

街区は120m角の正方形で，街路の幅は最小12mから最大84mに至る。幅員12mというのは，現代でいうと片側1車線ずつの車道に広々とした歩道がつくほどのスケールだ。5mほどの狭い通りが多くを占める現在の京都の姿からすると，少し意外な感じがするだろう。当時は自動車もなく，人口も10万人程度。街路と街区の間には築地塀（ついじべい）という高い塀もつくられていたから，余計に街路は閑散とした印象を与えたことだろう。

(3) 徐々に姿を変える都

さて図2－1の都市計画は，このままの形で実現したわけではなかった。元々，西半分は桂川の氾濫原を含む低湿地。都の建設は思うように進まず，荒廃が進んだ。一方で東半分は比較的安定した土地で，鴨川を越えて東へも開発が進む。11世紀後半から白河上皇らが居を構えて院政を敷いたのも，この地である。都市の重心は，東へと移動していった。

同時に都市の内部でも，変革が起こる（図2－2）。12m～84mという広大な街路はやはり当時の交通量からすれば広すぎて，その片隅を勝

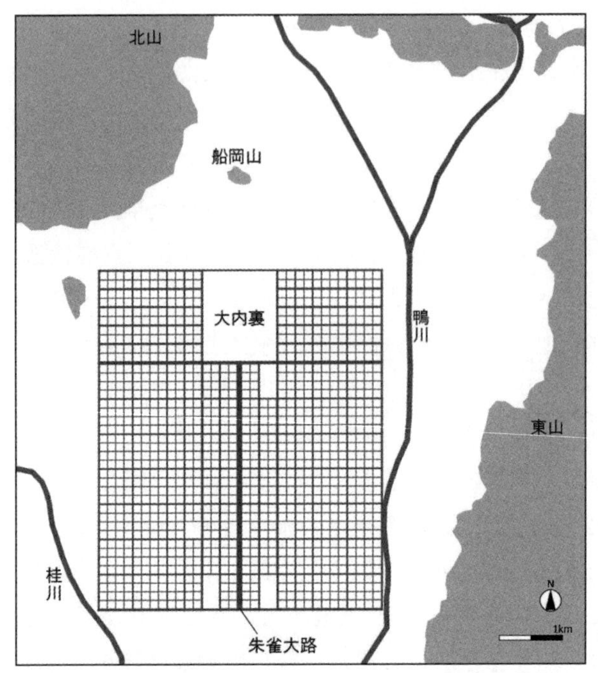

図２－１　平安京の都市プラン

出典：矢守一彦『都市図の歴史 日本編』，講談社，1984，p.185. より作成

手に耕作し，やがては家を建てる都市住民があらわれたのだ。この動きを巷所化と呼び，街路はどんどんと狭められた。さらに彼らは街区を囲んでいた築地塀も破壊してしまい，街路に向けて店舗を構えるようになる。また 120m 角という街区の規模も，やはり大きすぎた。街区の中央部は，家を建てても道に出られない。そこで庶民たちは，街区の中を走る路地や辻子といった空間を生み出した。

こうして，狭い街路や路地に沿って町家が立ち並ぶ，現在の京都の景観の原型が生まれた。街路は単なる移動のための空間ではなく，人がつながり，商いをする，活気に満ちた場になった。時は平安後期，天皇家

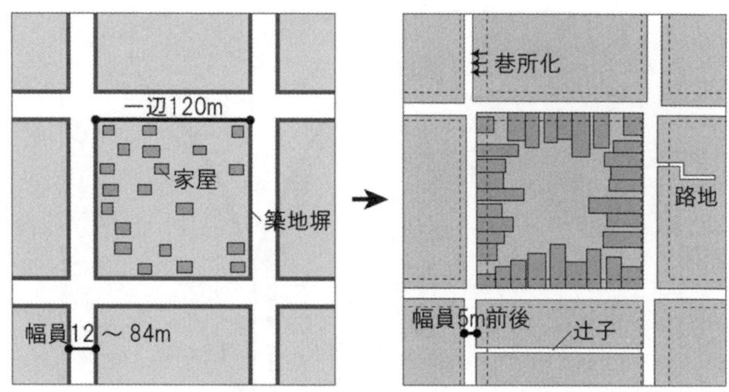

図2－2　平安京から中世京都への街区構造の変化

や藤原家による統治に乱れが出ていた時期でもあった。その中で，庶民のパワーがあふれ出したのだ。

（4）城塞都市としての京都

庶民の自発的な都市改造が進められていた京都の街を，戦禍が襲った。応仁の乱により，市街地の大部分が焼けてしまったのだ。それでも京都の人々は街を再建し，さらに自治意識を強めていく。

そんな中，京都にあらわれたのが豊臣秀吉である。秀吉は聚楽第（じゅらくだい）という城を建て，また周囲をぐるりと取り囲む御土居（おどい）という防御壁を構築し，京都を巨大な城塞都市へと変えてしまった（図2－3）。戦乱の世を生き抜くための，都市のあり方である。また秀吉も，120m角の街区は大きすぎると感じたらしい。一部の街区を，東西半分にすっぱりと割ってしまった。庶民たちが自ら行なった辻子開発を，為政者として是認し，後押ししものだと捉えられる。他に伏見や大坂などの街の計画も行なった秀吉は，実はすぐれた都市プランナーでもあったのだ。

盆地を囲む三山へと目を向けると，東山の八坂神社や清水寺，北山の

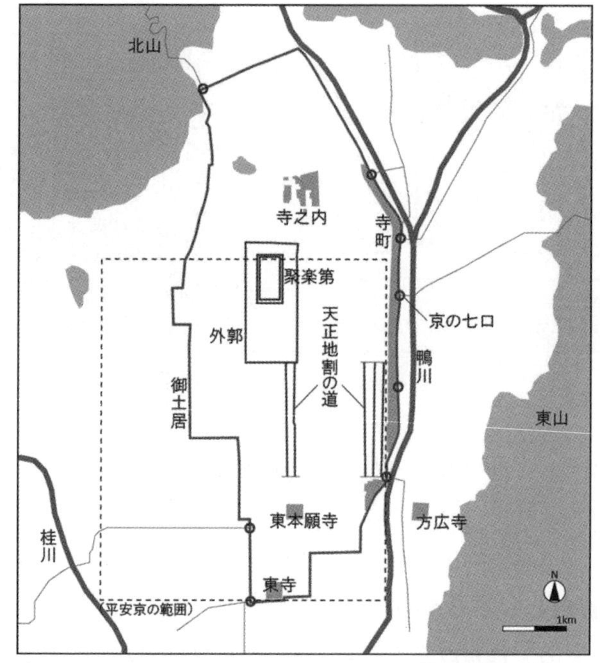

図２－３　豊臣秀吉の都市改造（16 世紀後半）
出典：足利健亮編『京都歴史アトラス』，中央公論社，1994，p.68. より作成

金閣寺や北野天満宮，西山の天龍寺などといった寺社の周りには門前町が形成されていた。寺社は人々の心の拠り所であるのみならず，その周辺にも仏具や経典を扱う店舗や参拝者のための茶屋が軒を並べ，文化や商業，娯楽の中心地でもあった。それに留まらず，本願寺や延暦寺など，武装勢力を形成して戦国武将たちを悩ませる例さえあった。

（5）近代化から現在まで

比較的平和な江戸時代を経て，京都は近代を迎える。天皇家が京都御所から東京へと移ったのは京都にとっての大きな痛手で，一時の活気を失った。しかし全国に先駆けて小学校を創建し，琵琶湖から水を引く大規模な疏水事業を進めるなど，新しい都市の姿を実現することで盛り返していく。

その都市整備の一環で，路面電車の導入が検討された。しかし京都の道は，狭い。そこで四条通や烏丸通などいくつかの街路を選定し，沿道の建物を後退させて，拡幅することとなった（図2－4）。拡幅された大通り沿いでは人通りも増え，町家が次々とコンクリート造のビルで置き換えられるようになり，デパートや銀行の出店が相次いだ。路面電車と人が行き交う，現在にも通じる賑やかな目抜き通りの誕生である。さらには第二次大戦中，今度は空襲に遭ったときの延焼を防ぐ目的で，堀川通や御池通などの拡幅が行なわれた。これらの通りは，幅員50mを越えるものとなっている。しかし戦後になると今度は自動車が急激に普及し，路面電車はその立場を失い，撤廃されていった。

このような変遷を経て，現在の京都の中心部は，①ビルが立ち並ぶ大通り，②町家がぽつぽつと残る5m前後の狭い道，③車も通れないような生活感のあふれる路地という，大きく3種類の街路が共存する街となっている。

また，路面電車や私鉄の整備と人口の爆発に伴い，市街地の面的な拡大も進行した。今や都市は盆地のほぼ全域を覆い，人口は140万人を超える。周縁部では格子状の街路構造は必ずしも守られず，地形に沿って複雑に入り組む道も多い。山々や寺社，疏水なども加わって，各所で独特の景観がつくりだされている。

2. 都市を変えてきたもの

ごく早足ではあるが，1,200年の京都の歴史を振り返った。これを主

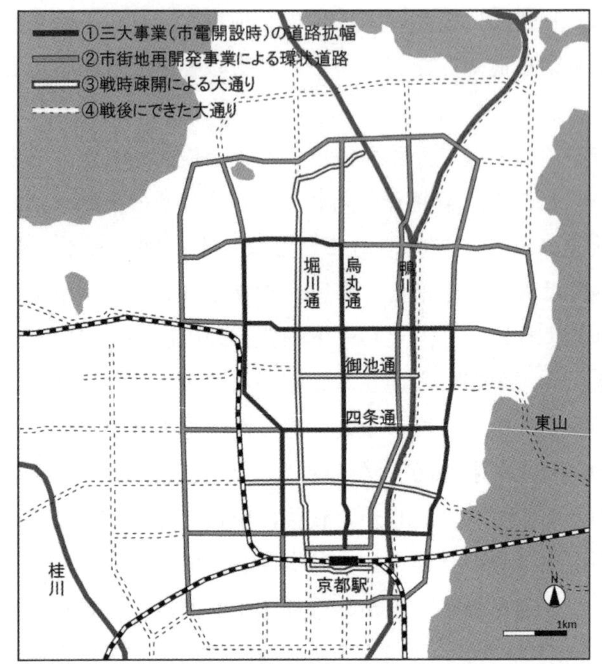

図２－４　現在までにつくられた大通り（合計４車線以上）
出典：植村善博・香川貴志編『京都地図絵巻』，古今書院，2007，p.64，および google マップ（https://www.google.co.jp/maps）より作成

な題材とし，適宜他の街の例も引きながら，都市の変容というテーマについて考察してみよう。

(1) 都市をかたちづくる人々

まず誰が，都市というものをつくり，あるいは変えているのだろうか。

a．為政者

都市の構造を描き，ドラスティックに変えてきたのは，時の権力者であった。先の物語の中では桓武天皇や豊臣秀吉などである。ただし一口に為政者と言っても，平安京創建時の天皇家であれば中国の都市観に倣い，秀吉であれば戦に強い街をつくるといったように，どのように都市をデザインするのかという意図はそれぞれに異なっている。

b．為政者以外の集団

寺や神社といった宗教組織は，かつては現在のそれをはるかにしのぐ広大な敷地を誇り，周辺にも関連産業の街を形成した。文化や商業，政治の担い手でもあったのだ。近代以降は力を失った寺社と入れ替わるように，企業が街を変えている。都市の中で各々が社屋や店舗を構える他，電車を通したり，住宅地の開発をしたりといったかたちで都市空間そのものを大きく変える企業もある。

c．一般市民

歴史に名を残す為政者や集団だけではなく，そこに暮らす一人一人の行動が，徐々に都市を変えていることもまた事実である。中世に京都の街路を狭め，路地をつくりだしたのはまさしく当時の庶民たちだった。戦国時代に培われた京都の自治組織は，現代にまで根付いている。そして今を生きる私たち自身も，都市を変える主人公の一人である。自分の家を建てること，花壇に花を植えること，あるいは空き缶をひとつ拾うことさえも，この街をほんの少しではあるが，デザインする行為だと言える。

これらの主体が，どのように歴史の中に登場してきているかを，データで見てみよう。『京都の歴史』という全10巻立ての通史がある。その各巻の索引から人物や集団を抜き出して分類し，各巻の登場回数（索引

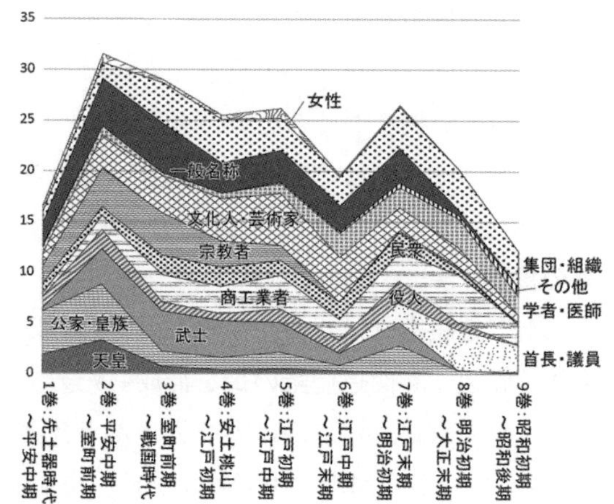

図２－５　『京都の歴史』における主体の登場回数（100 頁あたりののべ掲載頁数）の推移

出典：北雄介．通史の索引を用いた京都の都市史の大局的分析．日本建築学会近畿支部研究報告集・計画系，Vol.55，2015：pp.565-568

に記載されている頁数）をカウントしたのが，図２－５である。為政者で言えば，平安時代までは天皇や公家・皇族の力が強かったが，中世はその地位が武士に移り，明治以降は国や自治体の首長や議員の力が強くなる。また江戸時代までは宗教者や文化人・芸術家の存在も大きく，近代以降に学者や商工業者，さまざまな集団・組織がその立場を強めていく。

(2) 都市を変える要因や目的

それでは彼らはなぜ，都市を変えるのだろうか。変わる前の都市にある，問題や資源などは都市を変える際の「要因」であるが，一方で，都市を変えることで目指す状態については「目的」と呼ぶことができる。両者は表裏一体の関係にあるが，ここではそれらをまとめて見ていこう。

仮に，以下の11項目に整理してみた。

a．自然・地形

自然がつくりあげた盆地地形は，平安京の母胎となった。周囲の三山には僧や修行者が籠もり，信仰の地となった。山や川，海といった自然や地形のもたらす恵みをどう活かし，同時に災いをどう避けるのかということは，都市をデザインする上で常に人々が直面する課題である。たとえば，急な坂道に築かれた尾道（広島県）の街や，厳しい冬に対処する新潟県の家屋などには，実にさまざまな知恵が詰め込まれている。

b．政治・人間同士の関係

為政者による都市づくりは，自らの地位を確保あるいは拡大し，また他者に対して力を誇示する手段でもあった。平安京はまずもって政治都市としてデザインされている。都の要所に行政機関が配置され，幅84mの朱雀大路は朝廷の儀式のための空間であった。ワシントンDC（アメリカ）やキャンベラ（オーストラリア）などは，行政に特化した近代都市として計画された。これに限らず都市は，広い意味での政治的な背景の上に成立している。街は，人と人との関係でできているのだ。

c．経済・産業

都市は，人々の経済活動の舞台である。京町家は元来，住むだけの建物ではなく，通り沿いの部分には店舗が設けられていた。近代化以降は企業や個人の経済活動が街を大きく変えている。そもそも，余剰の農産物や武器などを持ち寄って交換する市場こそが，都市の起源だとする考え方もある。炭鉱の街・夕張（北海道）や，企業城下町・豊田（愛知県）など，特定の産業に特化した都市も生まれている。

d．宗教・コスモロジー

京都盆地の地形が新しい都に理想的であったことは，中国古来の風水思想にも照らして判断された。富士山や大峰山（奈良県）のような，形や高さにおいてきわだった山が聖所とされ，それを目印にして街がつくられることも多い。都市や自然は，単に物理的な空間として存在するだけではない。信仰や思想によって，多様に意味づけられているのだ。

e．人口

都市とは人が集まって住まうところ，つまり人口を納める器である。近代化以降はどの街でも人口拡大への対処が大きな課題となり，郊外への拡大と建物の高層化につながっている。逆に平安京創建当時は，都市の規模や構造と人口とが不釣り合いだったために，右京の大部分が打ち棄てられたり，広すぎる街路が開発されたりといった現象が起こった。

f．交通

人々の快適な移動のために，さまざまな都市インフラが整備されてきた。都市の内部には街路や路面電車，バス網などが張り巡らされ，都市と都市との間は高速道路や鉄道，飛行機などがつなぐ。こうした交通網は，人々の行動を，そして都市の景観を大きく変える。また，港町や宿場町などは，交通の要衝や中継地点に形成された都市である。

g．技術

特に近代以降，科学技術の発展と都市の変容は切り離せない関係にある。都市交通は路面電車や自動車などの西洋由来の技術に支えられ，鉄筋コンクリートやエレベータの実用化は建物の高層化を可能にした。かつて放棄された京都西部の低湿地が，今はそう感じさせないほどに都市化されたのも，治水や造成の技術的進歩の賜である。

h．安全

一つ一つの家屋も，都市自体も，外敵から身を守るシェルターでもある。京都の場合，応仁の乱後に住民は自衛の体制を強めたし，秀吉もその意志を引き継ぐ城塞都市を建設した。第二次大戦時に，堀川通や御池通に沿った建物を壊して街路を広げたのも，戦後に防火建築が普及するのも，安全な都市を目指してのものである。現在は戦災こそ遠ざかったものの，自然災害や犯罪から身を守る安全・安心なまちづくりは，重要な課題の一つである。

i．都市間の関係

ある都市は，常に周りの都市との関係の上でつくられてきた。周辺の都市とどう協調するか，軍事上や経済上のライバル都市にどう打ち勝つか。現在の京都を牽引しているのは，日本各地や海外の都市から人を吸い寄せることで成立する，観光産業である。また，先行する都市からいかに学ぶのか。平安京も，長岡京の失敗や長安の成功を参照しながらつくられた。

j．感覚や価値観

以上の項目は，いわば機能的な要因がほとんどを占めた。しかしそれだけでは割り切れない，情緒的あるいは美的な観点も私たち人間は持っている。たとえば京町家の佇まいは人々の美意識や伝統文化の粋であり，細部や素材にもそれがあらわれている。今でも多くの人が保存・活用に取り組んでいるのは，京町家の文化的な完成度の故だろう。都市の拡大・発展路線が落ち着いた現在，文化や景観，地域らしさといった視点は，どの街においてもその重要度を増している。

k．不可抗力

以上は，人間が意図して都市空間を変えていく際の要因や目的であった。しかし都市は，そのような目的のない，人の意図しない力によってもその姿を変えている。

まずは災害。桂川や鴨川の水害は常に京都の人々を悩ませ，相次ぐ大火はたびたび，木造の町家群を焼き払ってきた。我が国の近年に目を向けると，阪神大震災や東日本大震災が記憶に新しい。次に，応仁の乱や戊辰戦争の戦火も，京都に壊滅的な被害をもたらした。第二次大戦時の大規模空襲は，日本の多くの都市にとっての転換点となっている。最後に，天然痘や赤痢，コレラといった疫病の流行も，京都を度々悩ませた。医学の進歩した現代ではそのようなことはなくなったようにも思われたが，昨今の新型コロナウイルスの流行はまた，人々の暮らしを大きく変えつつある。

こうした惨劇は，都市を大きく痛めつける。しかし人々はそれにもめげず，何度でも都市を元の通りに，あるいはよりよいかたちで甦らせてきた。

3. 都市の変容のダイナミズム

前節で整理した内容を下敷きにして，都市というものの特徴や，それをデザインすることの意味合いなどを，改めて考えてみよう。

（1）時間的・空間的な広がり

京都については，1,200 年の歴史を概観した。都市の中にはそれ以上の歴史をもつものも，そうではないものもあるが，いずれにせよ，これほどまでに長続きする人工物が，果たして他にあるだろうか。生活道具や建物なら，数年や数十年で使われなくなり，100年も経てば文化財になる。それに対して都市は，何百年というタイムスパンで生き続け，また変わり続ける。都市は，時間的な存在である。

また，空間的な広がりをもつ存在でもある。点や線ではなく，面，あるいは立体である。その中に数多くの建物や街路があり，山や川があり，人間もいる。都市とひとくくりにしてしまうのが憚られるほど，多様な存在が複合した空間であり，それらは多様な関係を取り結ぶ。しかも，桓武天皇がつくった街路に沿って江戸時代の町家とプレハブ住宅が並ぶといったように，異なる時代につくられたものたちが同居している。

このように見ると，都市は四次元の存在だと言える。私たち自身もその都市の内側で，日々の暮らしを送る。そしてそこで何かを感じ，また都市を変えていく。

（2）多様な人々の関与

実に多様な主体が，都市のデザインにかかわってきた。前節では仮に，為政者，それ以外の集団，一般市民の3つに類型化してみたが，それぞれが多種多様な人々を含んでいる。彼らはさまざまな仕方で，都市を変えてきた。ときに全体を大胆に，ときに細部をゆっくりと。ときに協力し，ときに反発しあいながら。

彼らは時代を異にして登場し，互いの意図を読みとることなく，それぞれの仕方で都市のデザインを行なっている。平安後期の庶民は，数百年前の桓武天皇が描いた都の理想像を知らないで，ただ目の前の街路空間を開発して，自分たちのものにしてきた。今を生きる私たちも，すべての先人達の意図や土地の歴史を知ることは決してなく，思い思いに，家を建てたり花を植えたりしている。後の時代の者は，前の者の残した空間をコンテクスト（文脈）として受け入れ，そこに新たなデザインを施すのである。

彼らのデザインは，必ずしも成功するとは限らない。平安京の西半分が廃れたように，思い通りにいかないこともたくさんある。路面電車のように，社会状況の変化によって後に取り払われてしまうこともあれば，思わぬ災害で破壊されることだってある。人は，そのときの複雑な状況を読み取りながら，自分にとって最善の選択を積み重ねている。しかしその選択が，他者にとっても最善であるとは限らないし，また後の時代においても最善であり続けるわけではないのだ。これは，都市という複雑な場でデザインを行なうことの宿命であるとも言えよう。それでいてなお現在の京都にも，名も知れぬ庶民が開通させた路地や，路面電車の名残としての大通りといった，過去の痕跡を認めることができる。人々の意志が空間に刻まれ残り続けることは，都市の面白い性質だ。

このように考えると，都市は何百年にもわたり，何万もの人々によって描かれ続ける，大きな絵画のように捉えることができる。時代を隔てたさまざまな人が，同じキャンバスに，油絵具のように色を塗り重ねてきたのである。彼らは，必ずしも息を合わせて一つの作品を仕上げているわけではなく，互いの顔さえ知らない場合がほとんどである。それでも，色を塗る一つ一つの行為にはちゃんと理由がある。

また歴史という線ではなく，現在という点だけで捉えても，デザインに多くの人が関わるという事実は変わらない。特に現代は，たった一人の為政者の力だけで街が変わることはなくなった。都市計画や街づくり事業はことごとく，行政と市民，そして企業やさまざまな団体の間の協働によって実施されている。

都市に関わる行為は，必然的に多くの人の前に晒され，公共性を帯びる。都市のデザインは，社会のデザインでもある。

(3) さまざまな要因・目的の交錯

前節では仮に，都市が変わる要因や目的を11項目に整理してみた。11項目は京都の歴史を簡単に振り返って挙げられただけのものであり，他にも要因や目的を見つけることは容易だろうし，11項目をさらに細分化することもできる。だから重要なのは11という数字ではなく，これらの関係や変化を考えることだ。

それぞれの主体のデザインの行為において，複数の要因や目的が関係している。平安京の計画を見ても，庶民による街路の占拠にしても，明治期の道路拡幅にしても。単一の目的でデザインできるほど，都市は単純ではない。それぞれの目的の間には，「こちらを立てればあちらが立たない」というトレードオフの関係があることもしばしば。異なる主体の目的や意図が衝突することもあるのは，先にも述べた通りである。

都市を多様な側面から理解し，それらの複雑な関係を読み解きながらデザインをすることが，求められている。戦乱からの自衛が最重要課題であった戦国期の京都や，経済成長が至上命題にあった高度成長期の我が国と比べ，現在は価値観がより多様化・複雑化している。広い視点から都市を俯瞰する態度は，これまで以上に重要になっているとも言えるだろう。

なお11項目に代表される，都市を変える要因や目的の多様性は，実は都市を分析する視点の多様性でもあり，都市に関する学問領域の広がりにも対応する。都市形態と自然や地形との関係は地理学，企業の立地や集積は経済学，人や車の流れの数理的モデルは交通工学，市井の人々の生活行動は社会学を中心に探究されてきた。ここで「中心に」と言ったのは，各々の分野での都市研究は単独で完結しないからだ。これが都市を研究することの難しさでもあり，醍醐味でもある。第1節における京都の歴史の概観は，考古学や歴史学の諸研究の成果の賜であるし，人々が都市に対して抱く認識やイメージについて述べる次の第3章は，筆者が専門とする建築学や認知科学の成果をまとめたものとなる。都市は，諸学の結節点なのである。

（4）ソーシャルシティに向けて

さて，都市を変える原動力の一つに，技術というものがあることを知った。建築や土木の技術に加え，電車や自動車，エレベータのようなマシンの発明も，都市を大きく変えてきた。そして今，インターネットやICT技術が，都市を次のステージへと導きつつある。

これまでの技術とは違って，インターネットやICTは目には見えない部分も多い技術である。都市の物理的な表情自体は何も変わらないようにも思われる。しかしその都市における，お店の口コミや美術館のイベント情報，交通機関の運行状況，さらには人々の気持ちまでもが，リアルタイムにインターネット上にアップされるようになった。Wi-Fi環境さえあれば，世界中どこにいても仕事も買い物もできる。人やモノや知識のネットワークは，都市空間とは違ったバーチャルな空間，いわば情報空間を作りあげつつある。そこはSNSに顕著なように，実際の都市空間よりも一人一人の意思が自由に発信できる場のようだ。

「ソーシャルシティ」とは，このような時代の新たな都市像を問うコンセプト・ワードである。新しい技術が急速に発展・普及する中で，都市は一体どこに向かうのか。私たちは，都市をどのようにデザインできるのか。それを知るためには，技術と都市の両方を，深く理解しておく必要があるだろう。

参考文献

［1］矢守一彦．都市図の歴史 日本編：講談社；1984.
［2］足利健亮編．京都歴史アトラス：中央公論社；1994.
［3］植村善博・香川貴志編．京都地図絵巻：古今書院；2007.
［4］北雄介．通史の索引を用いた京都の都市史の大局的分析．日本建築学会近畿支部研究報告集・計画系，Vol.55，2015.：pp.565-568
［5］京都市編．京都の歴史　第1～10巻：京都市編さん所；1970～1976.

1．自分の住む街の歴史を振り返り，街を変えてきた主体や，街が変化した要因や目的を抽出してみよう。
2．近現代のさまざまな科学技術を列挙し，それぞれが都市や暮らしをどう変えてきたのかを考えてみよう。

3　都市における価値と認知

北　雄介

《目標＆ポイント》 どのような価値観の元で，私たちは都市を認識し，またデザインしているのだろうか。本章では，都市における「価値」というものについて考える。そこでまず，都市の価値に関する議論の近代以降の動向を概観する。その上で，都市に対して人が何を感じているのかという「認知」に話題を絞って，その研究や，街づくりへの実践展開について解説する。
《キーワード》 機能主義，都市のイメージ，認知地図，居住地選好，サウンドスケープ，ウォーカビリティ，シビックプライド

1．近代都市とその乗り越え

（1）都市と価値

都市において，価値とは何か。実は，都市を変える要因・目的として前章で整理したａ～ｋの11項目は，都市における価値の一端を示すものであった。たとえば敷地の地形や植生を観察し，こうすれば日当たりや眺めがいいなと考えて，家を設計する。この通りにバスが通れば便利になると考えて，導入する。都市をデザインするということは，価値が低いところを改善したり，今の価値を伸ばしたり，あるいは今の都市にはない新しい価値を生み出したりしようとする行為なのである。だから，価値を認識することは，都市を変えていく出発点である。

それだけではなく，私たちの日々の暮らしにおいても，知らず知らずのうちに都市の価値を認識し，判断を下している。どの街に住むのか，どのお店で食事をするのか，どの道を通って家に帰るのか…。「足によ

る投票」という言葉がある。人は，さまざまな自治体の生活環境や行政サービスを比べて，住む場所を決める。一人一人の住まい選びがまるで選挙の票のように集積され，魅力的な街には住民が集まり，そうでない場所は淘汰されるのだ。そしてまたこの言葉は，私たちが日々，街の魅力すなわち価値について常に考えながら，暮らしを紡いでいることも示唆している。

さて今日の都市の多くの部分は，近代に生まれた方法によってデザインされている。そしてその方法が強力であったがゆえに，多くの批判も呼んできた。現在の都市デザインの基本的な価値体系は，近代と反近代とのせめぎ合いの上に立っていると言ってもよい。そこで本節では，近代・機能主義の確立とその批判について，整理しておく。

（2）近代と機能主義

我が国では文明開化の声を聞くまで，都市の建物や景観はゆっくりと形作られてきた。たとえば京町家という様式は，建築技術や人々の生業の進歩と合わせて徐々に進化し，1,000年ほどかけてようやく完成の域に達した。これは，世界の都市を見ても同じことである。ヨーロッパであれば石造りの中層建築の街並みが，イスラム諸国であれば土や日干しレンガでできた建物が密集する迷路のような都市形態が，一つの型としてゆっくりと成立し，何百年もその姿を保ち続けてきた。そしてその型こそが，世界各地の風景を特徴づけていた。

しかし近代において，都市は一変した。四角い高層ビルや，せわしなく車の行き交うアスファルトの大通りが，世界中のどの街にも出現した。伝統建築は時代遅れとなり，どんどんとその数を減らしている。

変化を押し進めた強力な要因の一つが，前章の11項目の中では「技術」である。産業革命以降さまざまな科学技術が生まれ普及してきたが，特

図３－１　クリスタルパレス
出典：国立国会図書館 HP
https://www.ndl.go.jp/exposition/data/R/005r.html#EXHIBIT_1

に建築において影響が大きかったのが，鉄，ガラス，コンクリートという３つの材料であった。石や木ではできなかったような，強く軽やかで自由な造形が可能になった。1851 年にロンドンで行なわれた第１回万国博覧会には，鉄とガラスでつくられた巨大な「クリスタルパレス」（図３－１）が登場し，新しい時代の建築の幕開けを告げた（それ以降も博覧会は，当時最新の技術や思想が披露され，都市の未来を見通せる場になっている）。

建築の材料に加えて，上下水道，電気，ガスといったエネルギーインフラの整備も，都市の近代化の背景として見逃せない。生活の利便性を向上させたのみならず，人口集中により生まれた劣悪な衛生環境を改善させた。そして鉄道や自動車という交通インフラの普及も，都市の郊外への拡大や，大量の物資輸送を可能にする重要な出来事であった。現代都市の街路は，車のためにできていると言っても過言ではない。

以上のような技術の開発・普及が，都市の近代化を後押ししたことは間違いない。しかし技術だけでは，建築や都市のカタチはできてこない。新しい技術を用いて空間をつくりだすためには，その技術に見合った設計思想が要請される。そこを担ったのが，「機能主義」である。近代（モダン）という時代を冠して「モダニズム」とも呼ばれる。

機能主義の思想は，ルイス・サリヴァンの放った「形態は機能に従う（Form follows function.）」という言葉に集約される。それまでのヨーロッパやアメリカの都市では，住宅であろうが事務所や作業場であろうが，石積みで，オーダーと呼ばれる円柱を中心とするおおよそ似たような構成でつくられてきた。比例の理論や職人の手仕事が，美しい調和を生み出していた。それに対して機能主義においては，機能こそが形を決める。住宅であればこの形，工場であればこの形，といったように。現代住宅の間取りを想像してみても，団欒するリビングルーム，料理をするキッチン，寝るための寝室，といったように部屋は機能ごとに分けられている。

機能主義建築によって生み出された都市の姿は，どのようなものであったか。ル・コルビュジエの描いた「輝く都市」構想（図３－２）に，典型的に表われている（参考文献［１］）。コルビュジエは近代建築の三大巨匠の一人に数えられ，住宅や教会などで多くの名作建築を生み出したが，都市プランナーとしても大きな功績を残した人物だ。図３－２の模型に表現されている都市は，建築の規格化と高層化，住居と働く場所の分離，自動車道路と歩行路との分離，緑地スペースの創出，古い市街地の一掃と更新，などによって特徴づけられる。いずれも，都市に便利で安全，快適な暮らしをもたらすための明快な考え方である。

ここでの都市の価値は，機能性，合理性，経済性，単純性などの言葉で表現できる。精巧な機械のような都市とも言え，実際にコルビュジエは建築や都市のデザインに際して，飛行機や大型船を理想として掲げていた。「住宅は住むための機械である」という彼の言葉もまた，機能主義を象徴する有名なプロパガンダである。

図３－２　「輝く都市」構想の一つであるヴォワザン計画の模型
Model of the Plan Voisin for Paris by Le Corbusier displayed at the Nouveau Esprit Pavilion (1925)

彼の構想自体は，そのままのかたちでは実現しなかったものの，その後の都市への影響の大きさは計り知れない。合理的でシンプルな計画手法は，経済が急成長し都市環境の整備が急がれた，戦後の日本や現在の発展途上国の都市開発においても，わかりやすい指針となった。図３－２からは，戦後に量産された団地や，東京湾岸の高層アパート群と同じ雰囲気が感じられるだろう。人と車との「歩車分離」や，住宅地域や工業地域などと機能に応じて地図を塗り分けて建築を規制する「ゾーニング」の考え方も，現代都市計画の基本となっている。

（3）機能主義への批判

しかし現在，コルビュジエが示したような機能主義の都市像は，ネガティブな文脈で語られることも多い。「量から質」「均質性から多様性」「人と自然との共存」といったスローガンが，特に 21 世紀に入ってから勢いを増している。

このような機能主義批判は，1960 年代に開始された。その急先鋒を務めたのが，著書『アメリカ大都市の死と生』（参考文献［2］）で知られるジェーン・ジェイコブスである。彼女は，自らの住むニューヨークの下町グリニッジ・ヴィレッジを徹底的に観察し，そこに近代都市にはない豊かな都市生活があることを発見する。そして，そのような質を生み出す都市のあり方を提案する。

まずは，用途が混合していること。ゾーニングは，生産や交通の機能性を最大化するための仕掛けであるが，異なる種類の人々のインフォーマルな出会いや協働を阻害する。住宅と，さまざまな店舗や作業場などが混合する街こそが望ましいと，ジェイコブスは考えた。次に，新旧の建物が混在していること。スクラップアンドビルド型の再開発では，家賃の価格帯も，そこに住める人の層も一定になり，先のゾーニングと同じことが起きる。古くて家賃の安い建物こそが，芸術家や起業家を呼び込み，街に活気をもたらすことになる。3 点目に，街区の一辺が短いこと。ジェイコブスは，都市生活における街路の重要性を説く。自動車専用道路による大きな街区ではなく，人が安心して歩いたり遊んだりできる街路が細かく張り巡らされてこそ，活気のある街となる。4 点目に，人口密度がある程度高いこと。これはコルビュジエに対してというよりも，エベネザー・ハワードの「田園都市」論（参考文献［3］）や，当時の富裕層の郊外移転に対する批判ではあるのだが，広々とした庭つき戸建住宅によって家族の孤立性を高めるよりも，人々が集まって暮らすべきだと論じた。

ジェイコブスは，多様性や活動性，人のつながりこそが都市の真の価値であると論じたのだ。機能主義はトップダウンの都市計画行政に積極的に採り入れられたのに対し，ジェイコブスの思想は草の根的な街づくり活動の支えとなった。実際に彼女自身も，当時のニューヨーク市長であり再開発事業を次々と手がけたロバート・モーゼスとの間に，度々激しい舌戦を演じ，事業の方向修正を迫っている（参考文献［4］）。

ジェイコブスの機能主義批判は都市居住者としての経験と観測に基づいたものであったが，より論理的な方法でそれを行なったのがクリストファー・アレグザンダーであった（参考文献［5］）。彼は，近代都市は「ツリー構造」を生むものだと指摘する（図3－3（左））。ツリー構造とは，たとえば動物を脊椎動物と無脊椎動物に分け，脊椎動物をほ乳類

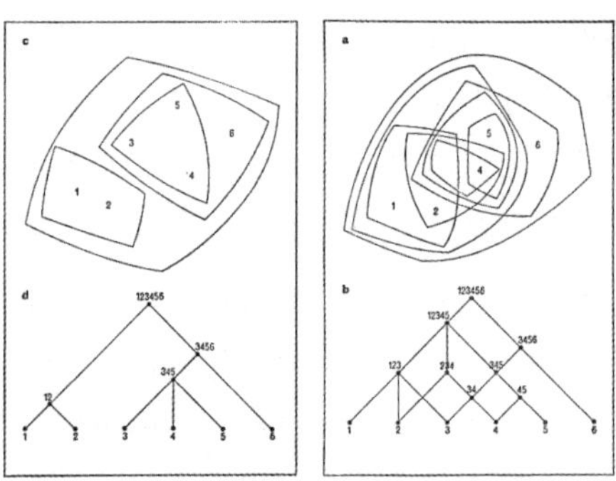

図3－3　ツリー構造（左）とセミラティス構造（右）

出典：アレグザンダー，C（著），稲葉武司他・押野見邦英（訳），形の合成に関するノート／都市はツリーではない：鹿島出版会；2013：p.222

と爬虫類に分け，ほ乳類をさらに…といったように，集合をいくつかの固まりに分割することを繰り返すことで生まれる構造である。近代都市は，都市全体を住居地区や工業地区などにゾーニングし，さらに住居地区をいくつかの小学校区に，小学校区をいくつかの集合住宅に…，といった分割を繰り返すことで空間を構成する。しかしアレグザンダーは，活き活きとした本来の都市は，ツリー構造では収まらない無数の人間関係でできていると言う。街角での何気ないコミュニケーション，遠くに住む人同士の趣味の集まり，業種を越えた協働…，そうしたインフォーマルなつながりが，都市を豊かにしてきた。彼はこのような構造を，「セミラティス構造」と呼ぶ（図３－３（右））。ツリー構造の単純な分割を越え，さまざまな要素が複雑なネットワークを組んでいる。近代都市の理論ではこのような関係性の網が生じず，都市生活は画一的で味気ないものとなっていく。

2. 都市の認知

（1）『都市のイメージ』

ジェイコブスやアレグザンダーと同時代に，近代を乗り越えるもう一つの重要な視点を提供したのが，ケヴィン・リンチであった。機能主義の立場に立つか否かにかかわらず，都市はまず物理的な存在であり，その形態のデザインは重要である。しかし私たちは同時に，都市において日々何かを感じている。「この街は賑やかで楽しい」とか「川沿いの道は風が吹いてのんびりしている」とかいったように。そのような感覚の積み重ねで私たちは，都市についての記憶やイメージをつくりあげている。このような認知的側面に着目して都市を捉えようとしたのが，リンチの著した『都市のイメージ』であった（参考文献［６］）。

リンチは，私たちが都市の空間構造をイメージする際に，無意識に「5つのエレメント」を用いているという。

- ✓ パス（道路）…人がそこを通ることができる，線状の道筋。街路，散歩道，鉄道など。
- ✓ エッジ(縁)…2つの地域の間の境界となる線状のエレメント。海岸，高速道路など。
- ✓ ノード（接合点）…人がその内部に入ることができる重要な焦点，接合点。広場，交差点や鉄道駅など。
- ✓ ディストリクト（地域）…人がその内部に入ることができる都市領域。繁華街，〇〇町など。
- ✓ ランドマーク（目印）…観察者から離れて存在する，目立った特異点。建物，看板，山など。

リンチはこれらのエレメントを用いて，アメリカの3つの都市のイ

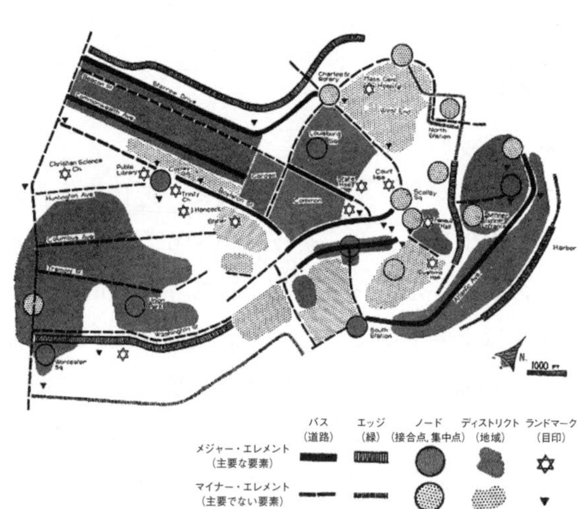

図3－4　ボストンのイメージマップ

出典：リンチ, K.（著），丹下健三・富田玲子（訳）．都市のイメージ：岩波書店；1968：p.22.

メージ構造を可視化してみせた。図３－４は，ボストンのイメージマップである。主要なパスが西部では直線上に，東部では円環状に走っていることや，それらの交差点のいくつかに人々の集まるノードが形成されていることなどが読み取れる。この図は都市の形態を反映してはいるが，物理的な都市そのものではなく，人々の心の中にある都市の姿である。

ただ読者の皆さんには，ボストンの地図を見せられてもピンとこないだろう。そうであれば是非，自分の住んでいる街の地図を，何も見ないで描いてみてほしい。おそらく，よく知っていて細かく描き込める場所もあれば，ほとんどイメージがなく，何があるかもどんな景色かもよくわからない場所もあることに気がつくだろう。そこにも建物や道があり，人が住んでいるにもかかわらず。また正しい地図と見比べてみると，実際には曲がっている道をまっすぐに描いていたり，場所によって距離感が滅茶苦茶になっていたりすることもあるだろう。これらの現象は，物理的な都市と認知的な都市が異なることをよく表している。そして描いた地図に，リンチの５つのエレメントがどのように登場しているかを確認してほしい。なじみの通学路や商店街はパスとして，駅や公園はノードとして解釈できるだろう。大きな川や高速道路は，エッジになるだろうか。

この，街の地図を描いてみるという方法は「認知地図」法と呼ばれ，私たちの心の中の都市を知るための簡便で強力な手段である。他にもリンチは，人に自分の通勤ルートを説明してもらったり，街中で撮った写真を分類してもらったりと，都市のイメージ構造を調べるために多様な方法を開発している。

さて，都市の価値の問題に立ち返ると，リンチが追い求めた価値とはどのようなものだったのだろう。彼は「イメージアビリティ」（イメージのしやすさ）や，「レジビリティ」（わかりやすさ）という指標を提示している。都市の全体が，またその各部が，人に明確なイメージを喚起すること。迷うことなく，都市のさまざまな場所にアクセスできること。これは，「輝く都市」のような単純な都市構造の必要性を説いたものではない。むしろ画一的な風景は，イメージアビリティを低下させる。そうではなく，都市の各所が個性的で美しい景観をもち，それらが明瞭な相互関係をもつことが重要となる。5つのエレメント（特にリンチはパスを重要視する）の適切なデザインによって，そのような都市が実現されるとリンチは説いている。

（2）居住地の選好

リンチ以降，都市と認知にかかわる研究はさまざまな展開を見せている。その一つが，どのような都市や地域に住みたいか（居住地選好），ということについての研究である。

地理学者のピーター・グールドらは，イングランド全土での調査を実施して，イギリス人が住みたい地域を等高線によって可視化した（図3－5左）（参考文献［7］）。この図によると，ドーバー海峡に面した南部は人気が高く，北に行くほど選好の度合いが低い。全般に気候が寒冷なイングランドで，暖かい日射しを求める気持ちがそうさせているのだろうか。ただし面白いのは，回答者の居住地によって住みたい場所が異なることである。図3－5の右には6都市の回答者別の傾向を示している。南部の人気が高いことは共通しているが，どの都市においても，自分の住む街の周辺では等高線の値が一気に高くなっている。もっとも気候の厳しいInvernessでさえ，そうだ。人は自分の居住地に，愛着をもって暮らしているのである。

居住地選好に対する人々の関心の高さは，昨今「住みたい街ランキング」が頻繁に話題に挙がることからも伺える。不動産会社やメディアな

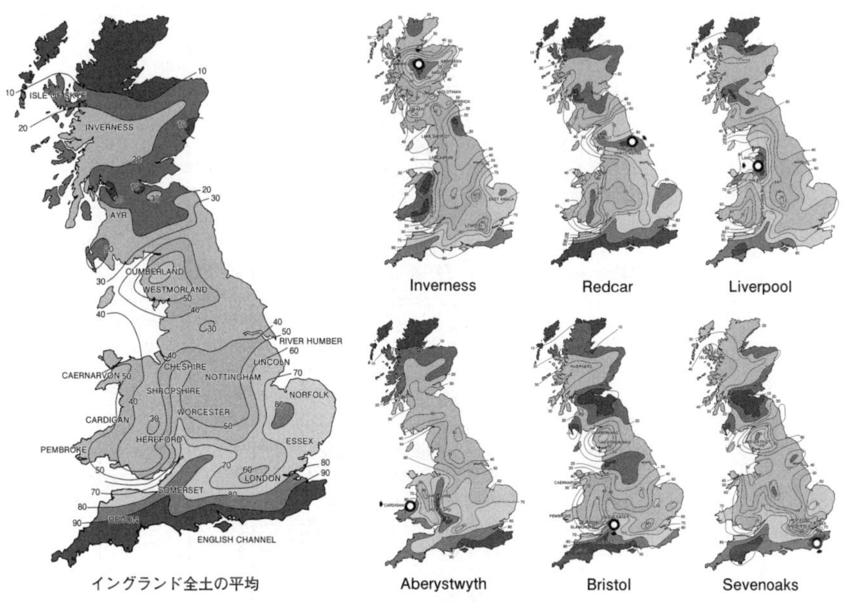

図3－5　イギリス人の住みたい地域（色分けし，回答者の居住地を丸印で加筆）（口絵－7参照）

出典：Gould, P. and White, R.：MENTAL MAPS, Routledge, 2017.

どの各社が，こぞって調査を実施している。しかしその「住みたい」は，とても漠然とした思いである。具体的にどのような街に住みたいのか，もう少し分解して見てみよう。

筆者が行なった調査（図3－6）（参考文献［8］）によると，住まい探しに重視される指標として，安全性（犯罪や災害が少ない）や利便性（買い物や交通）がまず挙げられた。これら（図3－6中では下線で示している）は，客観的な数値で表現されうる指標であり，ハザードマップや不動産屋の物件資料でも確認できる。しかしそれだけではなく，雰囲気のよさ，近所づきあい，静けさや明るさといった指標も居住地を選

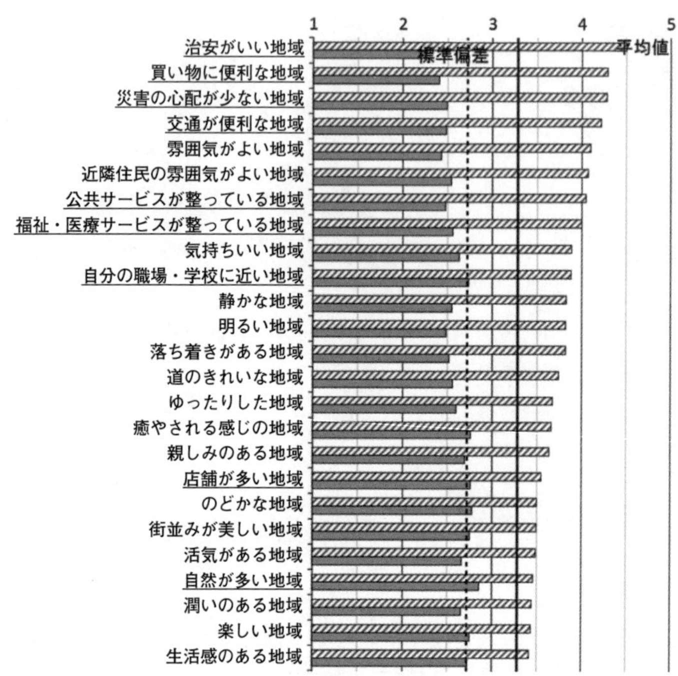

図３－６　住まい選びの際に重視される指標の上位

出典：北雄介：居住地選択とその評価指標に関する様相論的分析，日本建築学会計画系論文集，Vol.82, No.732, 2017：pp.485-495

ぶ際に重視されることが図３－６からわかる。これらは実際に歩いたり暮らしたりすることで初めて体感できる，主観的で認知的な都市の側面である。

近年，島原万丈らは都市での経験の豊かさに着目し，「官能都市（センシュアス・シティ）」という概念を提示している（参考文献［９］）。都市の官能性は，「共同体に帰属している」「匿名性がある」「ロマンスがある」「機会がある」「食文化がある」「街を感じられる」「自然を感じる」

「歩ける」という８指標により評価される。そして各指標は，たとえば「匿名性がある」であれば「カフェやバーで１人自分だけの時間を楽しんだ」「平日の昼間から外で酒を飲んだ」「夜の盛り場でハメを外して遊んだ」「不倫のデートをした」といったように，具体的な行動をしたことがあるかどうかで測定する。いささか刺激の強い表現も並ぶが，都市がそれだけ多様な経験の舞台となり，さまざまな観点から評価しうるものであることを示す，興味深い研究である。

（3）サウンドスケープ

人は情報の８割を視覚から得ているとも言われており，リンチの研究も，都市の視覚的形態とイメージとの関係に着目したものであった。しかし私たちは都市において，さまざまな音を聞き，においや風を感じ，また食べ物を味わっている。聴覚に着目した研究を展開したのが，マリー・シェーファーである（参考文献［10］）。

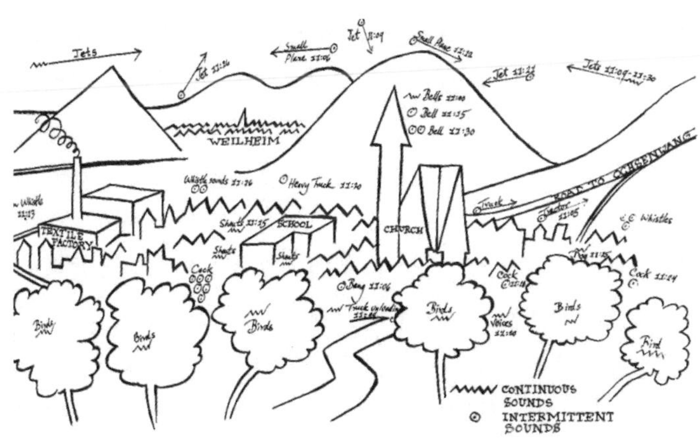

図３－７　ビッシンゲン村のサウンドスケープ
出典：鳥越けい子．サウンドスケープ―その思想と実践：鹿島出版会；1997：p.109

たとえば図３－７は，ある小さな村で聞こえてくる音を記録したものである。木々の間では鳥の声が響き，街からは人々の話し声や口笛，トラックの騒音も。教会からは15分おきに鐘の音が，遠い空からは飛行機の音もかすかに聞こえる。これらの中には，自然の音も人工の音も，すぐに終わる音も持続する音も，近い音も遠い音も，音源が動かない音も動く音もある。そしてこれらが折り重なって，図３－７のような音風景，つまり「サウンドスケープ」が生じている。

都市のデザインというと，どうしても目に見える形に議論が集中しがちである。しかし音環境もその対象とすべきだということを，シェーファーは主張する。

3. 都市の認知と街づくり

（1）エッジをノードへと変えたボストン

さて認知という視点は，どのように都市のデザインに活かされるのだろうか。手始めに，リンチの研究したボストンの事例を見ていこう。

リンチの描いた図３－４のイメージマップの右の方に，緩やかなＳ字を描いて縦に延びるエッジがある。これは，セントラル・アーテリーと呼ばれる道である。道路は普通ならパスであるところが，なぜエッジと見做されたのか。それは，この道が６車線もの高速道路で，都市の中にまるで壁のように立ちはだかって，南西のダウンタウンと北東のノースエンド地区とを断絶させているからである（図３－８）。

しかし現在ボストンを訪れると，この場所は公園となっている（図３－９）。芝生と木々がきれいに整備され，人々が日向ぼっこやジョギングを楽しんでいる。高速道路はというと，大部分が地下に埋められた。そのおかげで，エッジは消滅した。リンチと同じ手法で現在のイメージ

図３－８「Big Dig」の前の様子

出典：https://www.cnu.org/what-we-do/build-great-places/big-dig

図３－９「Big Dig」の後の様子

出典：https://www.cnu.org/what-we-do/build-great-places/big-dig

マップをつくってみると，多くの人が集まり，ダウンタウンとノースエンドをも結びつけるものとなったこの公園は，ノードとして認識されていることだろう。

セントラル・アーテリーの地下化プロジェクトは，「Big Dig」と呼ばれている。プロジェクトには17年もの歳月と，巨額の資金を要した。それにもかかわらず実行にこぎつけ，大きな経済効果も上がっているという。近代都市が重視した自動車交通の機能性を保ったまま，人間の認知や行動を加味して都市を再生した成功例と言えるだろう。

（2）ウォーカブルな街づくり

このボストンの事例に典型的に見られるように，街路というものをどう考えるのかは，現代の街づくりの大きなテーマの一つである。

ジェイコブスも述べているように元来，街路は人々がそぞろ歩き，井戸端会議や小商い，子どもの遊びが行なわれる空間であった。しかし近代都市では皆が車で移動し，街路は騒々しく危険な場所となる。徒歩の買い物客により支えられていた商店街にはシャッターが下り，空地には駐車場が食い込んだ。バーナード・ルドフスキーの『人間のための街路』（参考文献［11］）は，近代都市の街路を嘆き，街路の意味を問い直す名著である。

この状況に対し，街路を自動車から人の手へと取り戻そうという動きが，20世紀後半に世界の各地で生まれた。都市計画家のヤン・ゲールが牽引し，旧市街地に歩行者ネットワークを生み出したコペンハーゲン（デンマーク）や，車を中心市街地から追い出してトラムによる交通網を充実させることで，劇的な都市再生を成し遂げたストラスブール（フランス）などは，その代表例である。我が国では，小さな店舗や住宅の間に裏路地のネットワークをつくった小布施（長野県）などの評価が高いが，自動車の排除はまだ，観光地や商店街周辺など限定されたエリアに留まっている。

ボストンやストラスブールなどの事例では，ハード面での大規模な整備事業が目立つが，街づくりには当然，ソフト面での戦略も必要である。銀座通（東京都）で50年以上継続されている休日の歩行者天国は，ソフトだけで街歩きの体験を変える好事例である。ブリストル(イギリス)では，歩行者用の地図や案内板などの情報デザインによって都市内の各エリアをつなぎ，リンチの言うレジビリティの高い都市を目指している。我が国でも近年，街の観光案内所では必ずといっていいほど「街歩きマップ」が配られる。それと呼応して，名所だけをピンポイントで訪ねる大型観光バスツアーは少なくなり，少人数で街をじっくりと巡る観光スタイルも増えてきた。

以上のように「歩く」ことは，現代の都市デザインの重要なキーワードの一つである。街の歩きやすさを総合的に評価する「ウォーカビリティ」という指標も普及してきた。街のいろいろな場所に，車に乗らず，自分の足で歩いて行けること。その道が，安全で楽しいものであること。ウォーカブルな街づくりは，市民の健康の増進にもつながる。

歩くという行為はまた，その都市の価値を発見する重要な手段でもある。これまでに挙げてきたような，多様性や人の活動，安全性や利便性，コミュニティ，サウンドスケープなどといった諸々の価値を，人は歩きながら感じとっているのである。逆に言えば，多様な価値をもつ街をデザインできれば，多くの人が街歩きを楽しみ，やがてはそこに住んでくれるだろう。文字通りの，「足による投票」と言えるかもしれない。

(3) シビックプライド

認知的観点による都市デザインが目指すのは，とどのつまりは，街が人にとって好ましいという状態である。多くの人が，他でもないその街を居住地として選び，長く住み，街を愛すること。この文脈で近年注目されているのが「シビックプライド」という概念である。

シビックプライドとは市民が都市に対して持つ誇りや愛着のことであり，日本語では郷土愛という言葉がこれに近い。ただし現状の都市をただ愛するというだけではなく，市民自らが都市に関与し，より愛せる場所へと変えていくという当事者意識を含んだ概念である。これは古代ギリシャや中世ヨーロッパの都市国家に見られ，日本でも戦国期の京都や一向宗の加賀などで育まれた，自治的な市民意識の延長線上にあるものだと言える。前章でも述べたように，一人一人が都市デザインのプレイヤーであることを自負し，街を変えていく。その過程で，シビックプライドはさらに高められる。

愛される街づくりには市民個々人の自助努力がキーになるが，行政や民間団体が旗振り役となることも多い。また目標が抽象的であるだけに，その方法も，象徴的な公共空間の整備，市民参加のイベント開催，組織づくりなど多彩である。伊藤香織らがまとめた，その名も『シビックプライド』という書籍シリーズ（参考文献［12, 13］）では，先に挙げたブリストルの情報デザインをはじめとした，多彩なプロジェクトが紹介されている。シビックプライドの醸成に向けた行政としての指針を，条例としてまとめる自治体も増えてきた。

近代以前，土地の風土や文化に根ざす伝統都市が世界各地でゆっくりと作りあげられてきた。機能主義の思想は，人口の量的拡大というステージにおいて重要な役割を担ったが，世界を均質化させた側面もあった。シビックプライドを始めとする，人間の認知に基づく街づくり思想は，都市の失われた価値を回復させ，あるいは新たに築き上げていくためのものであり，今後の展開が期待される。

参考文献

[1] ル・コルビュジエ（著），吉阪隆正（訳）．建築をめざして：鹿島出版会；1967.

[2] ジェイコブス, J.（著），黒川紀章（訳）．アメリカ大都市の死と生：鹿島出版会；1977.

[3] ハワード, E.（著），長素連（訳）．明日の田園都市：鹿島出版会；1968.

[4] フリント, A.（著），渡邉泰彦（訳）．ジェイコブズ対モーゼス ニューヨーク都市計画をめぐる闘い：鹿島出版会；2011.

[5] アレグザンダー, C.（著），稲葉武司・押野見邦英（訳）．形の合成に関するノート／都市はツリーではない：鹿島出版会；2013.

[6] リンチ, K.（著），丹下健三・富田玲子（訳）．都市のイメージ：岩波書店；1968.

[7] Gould, P. and White, R. MENTAL MAPS：Routledge；2017.

[8] 北雄介．居住地選択とその評価指標に関する様相論的分析，日本建築学会計画系論文集，Vol.82, No.732, 2017：pp.485-495

[9] 島原万丈，HOME'S 総研．本当に住んで幸せな街 全国「官能都市」ランキング：光文社；2016.

[10] 鳥越けい子．サウンドスケープ―その思想と実践：鹿島出版会；1997.

[11] ルドフスキー, B.（著），平良敬一・岡野一宇（訳）．人間のための街路：鹿島出版会；1973.

[12] シビックプライド研究会編．シビックプライド―都市のコミュニケーションをデザインする：宣伝会議；2008.

[13] シビックプライド研究会編．シビックプライド2【国内編】―都市と市民のかかわりをデザインする：宣伝会議；2015.

1．自分の住む街の地図を，何も見ずに描いてみよう。そして実際の地図との違いや，リンチの５つのエレメントについて検証してみよう。

2．自分の住む街を，改めて，五感を研ぎ澄ませながら歩いてみよう。普段は気づかないものを発見したり，思わぬ音が聞こえたりするだろうか。

4 人と行動とまちづくり 1

鈴木淳一

《目標＆ポイント》 無形で直接感じることができず，しかも複雑な関係性を持つまちのブランドはどのように形成されるのか。単に金銭的，経済合理的な価値を追求するスマートシティとは異なり，ソーシャルシティにはまちのブランド・アイデンティティとしての生活者の共感と信頼が形成されている。ソーシャルシティの成功例とされる六本木ヒルズの事例を通して，まち全体の社会的な価値を向上させるプロセスについて検討する。また生活者のまちに対するブランド認知について，最近のマーケティング・リサーチの方法について概観する。

《キーワード》 ブランディング，マーケティング，TMO，ブランド・イメージ，ブランド・アイデンティティ，マーケティング・リサーチ

1. まちの「ブランド」を考える

(1) まちブランドへの関心の高まり

これまで，ブランドを構築しようと努力し，ブランド戦略を中心に据えてきたのは，専ら民間企業であり，なかでも医療や食品，市販医薬品などを扱う消費財メーカーであった。とりわけファッション・アパレルや化粧品，飲料などのメーカーは，技術に基づく性能や機能よりも顧客の情緒や感性に敏感で，高い意識を持ってブランド経営に取り組んできた。情緒や感性に訴える価値は企業の知名度や商品の品質だけからは生まれない。それは，商品属性をベースとしながらも，言葉では伝えきれない斬新で豊かなイメージを伴うことによって，初めて生み出されるも

のである。したがって消費財メーカーが，ブランドにそのようなイメージを持たせるべくブランド経営に投資してきたのは，きわめて合理的な行為であるといえる。

近年，そのような企業のブランド経営に相当する取り組みとして注目されるのが，まちをブランドという視点で捉え，まちブランドの価値向上を試みる動きである。ブランディングの対象となる「まち」の地理的スケールには幅があり，市町村といった自治体単位で大きな括りで取り組まれているものから，主要ターミナル駅などを中心とした再開発プロジェクトとして複合商業施設などの商業事業者や不動産開発事業者らとの産官共同プロジェクトとして小規模なスケールを対象とするものまで様々である。背景には，これまで都市の差別化の源泉であった道路や建物などの「ハード」を中心とした経済合理的な価値評価のモノサシが機能しなくなり，その反面まちで生まれる人びとのコミュニケーションなどの「ソフト」に対する従来の認識が見直され，ブランド・アイデンティティとしての重要性を見出したことがある。

（2）まちのブランド・アイデンティティ

1980 年代に日本企業の躍進に押されて停滞したアメリカ企業は，株主からの圧力による短期的財務業績への偏重を大いに反省した。というのも，当時，成長の勢いに乗っていた日本企業は中長期的にシェアを伸ばす施策を打ち出しており，それが功を奏していたからである。日本企業に対抗するためには，アメリカ企業も中長期戦略を持たなければならなかった。多くのアメリカ企業にとって中長期的なシェア志向は有効な解決策にはならず，成熟し飽和状態にある市場で勝ち残るために洗練された中長期戦略を模索した結果，見出したのがブランディングであった。ブランディングの本質を正しく理解したアメリカ企業は，苦しい時期にも将来の発展を見据えて戦略的にブランドへの投資を続け，コカ・コーラ，ナイキなどのブランドに見られるように，90年代以後にそのリターンを十分に得ることができたのである。

このように，ブランディングには中長期的な視点が不可欠である。では，まちのブランド・アイデンティティとは何であろうか。それは，地域を構成する住民や企業が望むブランドのあるべき姿であり，周囲の人びとや社会にまちをこのように受け止めてもらいたい，こうした連想をしてもらいたいと思う姿を表したものである。その際，まちのブランディングの出発点となるのは，地域の主体性に委ねられたブランド・アイデンティティについて，正しく理解し，積極的に規定していくことであろう。そのため，地域住民らの内省によるブランドの自己規定だけでなく，近隣住民や社会から規定されるブランド・コンセプトや，競合関係にある地域の視点から規定されるブランド・ポジションといった概念をも包摂することになる。

ブランドのあるべき姿であるから，必ずしも現在の姿，すなわち現在の当該地域が持つブランド・イメージと一致している必要はない。むしろ，ある時点でのブランド・イメージをそのままブランド・アイデンティティにするようでは，ブランドに対する理解が短絡的にすぎる。ブランド・アイデンティティの根底には，ブランドのフィロソフィーをベースにした「まちの世界観」があるべきだからだ。一方で，住民がいだくブランド・イメージとあまりにもかけ離れていては，信頼性に欠け，ブランドを通じた社会コミュニケーションが成り立たない。まちのブランド・アイデンティティを考えるにあたって大切なことは，このバランスをうまくとることである。

2.「まちブランド」とTMO

(1) ソーシャルシティとTMO

各章を通じて触れてきたように，活気のある街をつくるためには，道路や建物などの「ハード」を維持するだけでなく，その中で生まれる人たちのコミュニケーションなどの「ソフト」を考慮した環境づくりが必要となる。その際，地域や複合商業施設が活力を失っている状況を打破する方法として，まち全体を総合的に管理する「タウンマネジメント方式」による活性化の取り組みが注目される。ひとつのまちの経営目標は，主要インフラの整備，情報発信，イベントの企画など多岐にわたり，それらのアプローチはこれまで数多実践されてきたものの，多くの場合，様々な組織や人々によって個別に実行され，その効果はまち全体に広がりにくいことが多かった。したがって，将来的にはこれらの取り組みを一元的に行う必要があり，そのためには，それらを実行する組織である「タウンマネジメント組織（TMO）」が必要となる。TMOは，都市や様々な組織（商工会，商人会など），商人，市民など，まちづくりに携わる人々の信頼のもと，まちづくりを推進できる団体を指す。本章では，TMOの一例として「六本木ヒルズ」を取り上げる。来場者のコミュニティ活動を促進し，ファンの形成を促進し，消費者の帰属意識を高めたまちブランド・アイデンティティ構築にかかる成功事例である。

(2) 立体緑園都市というまちブランド・アイデンティティ

六本木ヒルズは，2003年に東京都港区にオープンした大手不動産会社の森ビル株式会社（以下，森ビル）が運営する複合施設である。森ビルはまちづくりにおいて，“バーティカル・ガーデンシティ（垂直庭園都市）”という考え方を軸に開発を進めた。垂直の庭園都市は，職，住，遊，商，

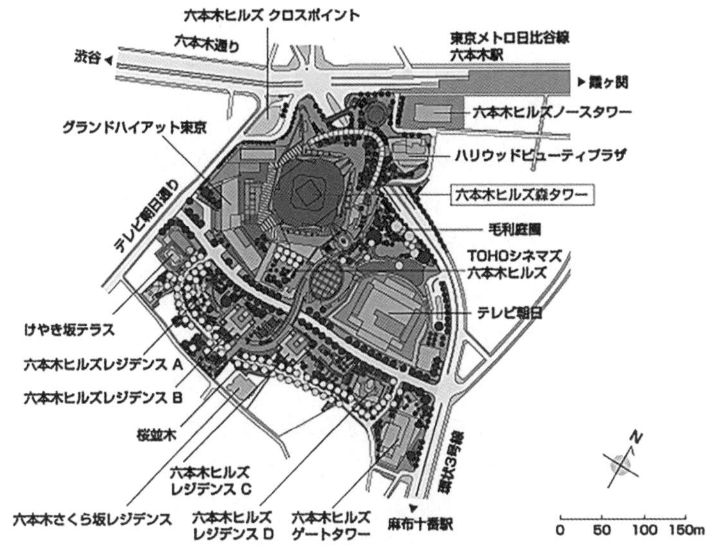

図4－1　六本木ヒルズの建物配置図

学，憩，文化といった都市機能を縦に重ね合わせて集積させた超高層コンパクトシティを意味し，超高層化は，細分化された土地をまとめて容積率を高めると同時に建蔽率を最小限に抑えることで実現する。それによって，地上に緑化できる土地を増やし，豊かな生活空間や時間を生み出すことが可能になる。施設の中には様々な複合施設を混ぜてコンパクトシティを作り，多種多様な人を呼び込んで新たな文化の誕生を促すことを狙ったものである。

開発前の六本木は交通の便も悪く，夜に飲み歩く街として知られていた。当時の六本木エリア中心部には，中央にテレビ朝日の大きな放送施設があり，地区南部には中小店舗や事務所，木造住宅が密集していた。そのように断片化された住宅地には公共施設も整備されておらず，都市防災の面でも問題が指摘されていた。

森ビルは当該地区の開発にあたり,「文化都市中心」というコンセプトをかかげ,複合施設を次々と建設していく。空,地上,地下,それぞれの特性を活かすことで環境共生型の全く新しい都市を誕生させるとして,六本木ヒルズの地上3階くらいに人工地盤を設け,建物と建物をつないでいくことで,人や自転車,車椅子,ベビーカーも安全かつ快適に移動することができるように設計されている。また,六本木ヒルズというまちのブランド・アイデンティティを象徴する重要施設として高層階に作られた複数の文化施設の総称である「森アーツセンター」があげられる。森ビルはあえて高層階という目立つ場所に森アーツセンターを設けることで,様々な人々を引き付ける求心力とすることを狙った。文化施設には美術館や会員制クラブを設置している。

最上階に位置する森美術館は世界中の現代アートを中心に展示している。美術館のすぐ下のフロアは展望台になっており,東京を一望しなが

図4－2　会員制のコミュニティスペース

らカフェや展示を楽しむことが出来る。更に，屋上にはスカイデッキを設け，人々が外に出て息抜き出来る空間とした。森アーツセンター内の会員制クラブは，限られた会員しか入ることが出来ないエグゼクティブフロアとなっており，都市生活者のコミュニティスペースとして利用されている。そこでは，レストランはもちろん，企業のためのセミナー会場やノマドスペースが併設され，「建物自体でなく人々のコミュニケーションが新たな人を呼び寄せる」という考えのもと，コミュニティスペースが運営されている。

このような六本木ヒルズの文化を軸とした街づくりは，六本木ヒルズの地理空間を超えて周囲にも拡大し，六本木ヒルズ以降に建設された国立新美術館，東京ミッドタウン内のサントリー美術館や 21_21 DESIGN SIGHT 美術館は，六本木ヒルズの森美術館と合わせて「アートトライアングル」と呼ばれるようになる。この例に見られるように，六本木全体がアートの街というブランド・アイデンティティを体現していると言えるだろう。

(3) 六本木ヒルズ TMO の活動内容

森ビルは六本木ヒルズの計画段階よりまちづくり準備室を開設し，2003 年の事業完成以来，タウンマネジメント組織（以下 TMO）として組織を拡大，事業活動からマスメディア，庭園に植えられる花の種類まで TMO はまち全体を広い視野で捉え，六本木ヒルズの価値を生み出す作業を担う。TMO のイニシアチブにより六本木ヒルズは戦略的に創造され続け，まちアイデンティティ維持のためのブランディングとプロモーション活動が展開されている。

たとえば，六本木ヒルズには六本木ヒルズアリーナという大きなイベント会場が設けられ，文化都心としてのまち体験ができるようになって

図４－３　六本木アートナイトにて展開されたウィンドウ・ペイント

いる。同会場で開催されるイベントには「六本木アートナイト」が挙げられるが，同イベントではまち全体にアート・インスタレーションが展開され，様々な施設や店舗が協力し合い華やかな世界を作り出す。このような施設横断のイベントは企業を束ねることが必要となるが，この取りまとめを行うのが森ビルのTMOである。様々な施設を結びつけ，更なる相乗効果を促している。その他，まちサービスの改善策の考察やブランディング支援を目的に日々活動を続けている。

また，TMOの役割として重要なのが，施設で働くスタッフの教育である。様々な人々が来訪し働くまちに「文化都心」という世界観を根付かせていくためには，まちで働くスタッフ一人ひとりに当該施設の目的や哲学，つまり，まちブランド・アイデンティティを理解してもらう必要がある。そこで，TMOでは「スタッフカレッジ」というプログラムを継続的に実施し，ホテルや店舗などで働くスタッフを対象に研修を行なっている。研修では，町がどのような目的や哲学を持っているかをスタッフに教えるとともに，別々の現場（店舗・施設）に所属するスタッフたちが組織を超えてグループワークを行うため，新たな交流や気づきが生まれる場にもなっている。このように，TMOは施設というハードウェアだけでなく，人を育てるというソフトウェアの活動を組み合わせることで良い施設へとつなげているのである。

さらに，六本木ヒルズの映画館の入る建物の屋上には六本木自治会が管理する庭園が広がっており，秋には稲穂や柿などが実る。六本木自治会は，六本木に住む人・働いている人同士のコミュニティを育むことを

図4－4　六本木ヒルズ屋上庭園の稲作風景

目的に2004年に設立され，以来近隣町会とも連携し，六本木ヒルズのまちアイデンティティである文化的で国際性豊かな街づくりの推進に一役買っている。自治会では，六本木ヒルズをより快適な街にするために，毎月の清掃ボランティア「六本木クリーンアップ」や，春まつり，盆踊り，震災訓練などが行われるなど，密度の濃いコミュニティが形成されており，ヒルズを含めた麻布・六本木エリアの活性化にも貢献している。

六本木ヒルズTMOは，コミュニケーション活性化のための様々なイベントを実施しており，朝8時に毎回一人ゲストを招き，スピーチしてもらうイベント「ヒルズブレックファスト」などがある。ヒルズブレックファストは毎回200人前後の人が来場し，朝食とコーヒーを取りリラックスしながら多様な価値観を共有する場である。

また，ヒルズコミュニティ活性化委員会という組織は「ヒルズブ！」

図4－5　ヒルズブレックファストの模様

という取り組みを運営しており，六本木に住む人・働く人がそれぞれのスキルを持ち寄る大人のための部活動として，サルサ部・英語部・ビール部・ワイン部・着物部・バスケ部など，幅広い部が存在し，年々部数も増加している。様々な人がそれぞれのスキルを活かしながら活動し，更なる六本木の活性化につながっている。

かように六本木ヒルズのTMOは，色褪せないまちづくりのため主にソフトウェアに焦点を当てて都市開発をしており，大規模施設の原動力を地元の商店街とうまく連携させ，継続的に地域と一体となった計画を進めている点でソーシャルシティの成功事例と言えるだろう。一般的にまちは時の経過とともに鮮度が落ちていくものとされるが，六本木ヒルズではTMOの活動を通して人同士のコミュニケーションが促され，時の経過とともに関係性が強化されていく現象がみられる。人々のコミュニケーションを活性化することでまちの価値を高め，「時を経ても色あせないまちづくり」に成功している事例と言える。

3. まちのブランド特性

(1) 生活者理解がブランディングの原点

まちのブランドを考えるとき，その特殊性の一つに間接性があげられる。すなわち，ブランドの価値を決めるのは生活者であり，まちの運営主体がその価値の増減に直接的に関わることはできないのである。いかに立派なまちブランド・アイデンティティを規定しようと，まちに関わる生活者に受け入れてもらえなければブランドとしての価値はない。したがって，「いかにブランドを構築するか」という課題は，「いかにして生活者にブランドを認知してもらい，理解してもらい，共鳴してもらうか」という課題に言い換えられる。そして，この認知，理解，共鳴のレベルによって，生活者のブランド・イメージは大きく変わり，ブランド構築にも大きな影響を与える。それゆえに，生活者のブランド・イメージを把握し，理解することは，「まちブランディング」の原点といえるのであろう。

商業的マーケティングの文脈では生活者を顧客や消費者と呼び，また街区マーケティングの世界では来街者と呼ぶ。そのような商業の文脈では顧客理解の重要性が昔から指摘されてきた。しかし，そのアプローチは専らセグメントとしての顧客の理解であり，消費行動パターンや属性，興味対象を調査，分析する程度のものだった。最近になって「個」としての顧客に焦点を合わせるアプローチが出てきたが，顧客の内面にまで踏み込むものはまだ少なく，ブランド認知に関しても知名度や購入意向率など，表面的なレベルにとどまるものがほとんどである。一方で六本木ヒルズにみられるように，ソーシャルシティとしての成功事例からはまちづくり事業者が開発に際してまちに対する生活者のブランド・イメージを重要な要素と位置付けていることが認められ，生活者個々の内面，すなわちその心理や思考活動まで個の単位で理解の対象に含めようとする動きである。

まちの機能性や利便性を高めることを目的とした所謂スマートシティを目指した経済合理的アプローチでなく，まちのブランド・アイデンティティの定着を支援する中長期的な作業を通して生活者（顧客・消費者・来街者）の共感と信頼を得ることができなければ，本講座で定義する「ソーシャルシティ」は為しえない。

（2）生活者のブランド・イメージを理解するには

まちに対する生活者のブランド・イメージは，ブランドの無形性，多様性，そして関係性ゆえに，非常にわかりづらい。それは顧客の知識ベースから取り出された表象として存在すると同時に，知識ベースの表層から深層にかけて奥深く存在するものである。したがって，まちに対する生活者のブランド・イメージを正しく理解するためには，その全体を対象にしなければならない。

とはいえ，まちの運営主体が生活者の心の奥を理解することは困難である。深層に暗黙知として存在しているブランド・イメージを理解するとなると，まちと生活者の多種多様な関わり方について同じような体験をしなければならず，現実には不可能であろう。そのためまちブランディングにあたっては，生活者の表象に現れたまちに対するブランド・イメージを理解することに注力し，そこから心の表層，深層へと洞察していくようにする。なぜなら，まちのイメージ調査などに対する生活者の回答はすべて表象に現れたイメージを表現したものだからである。そして，表象に現れたイメージは心の奥にあるブランド・イメージを反映しているからである。

なお，マーケティング学ではこの洞察過程について池に投げ入れた小石の波紋を例に説明することがある。投げ入れた石の大きさや，投げ入れる角度によって水面にあらわれる波紋の形は変わるため，その様子から池の水深や水流の有り様などを予測するというやりかたになぞらえたものだが，この場合の「池」は生活者の知識ベースであり，生活者のブランド・イメージは池のなかにあるもの。そして，石を投げ入れたときの波紋によってそれを探ろうというわけである。

生活者の心の中にあるブランド・イメージを形成する連想のうち，想起されたものが表象にブランド・イメージとして現れる。それを理解するには，ネットワーク化されたブランド連想間の関係性を，その生活者自身が主体的に連想する脈絡（この概念を客観的なストーリーとの比較において「ナラティブ」と呼ぶ）に着目して読み解いていく必要がある。

Aという連想がBという連想と結びつくことで意味が生まれる。また，Bという連想がCという連想に結びつくことにも意味がある。その意味を規定するのはナラティブである。したがって，ナラティブを一つひとつ解釈することで，ネットワークとしてのブランド・イメージを理解することができるのである。

まちのブランド・アイデンティティを考えるにあたっては，より多くのブランド連想を生活者の中から引き出せるように仮説を立て，視点・角度をさまざまに変えながら生活者に質問を投げかけていく。そして，できるだけ多くのナラティブを読み取ることで仮説を検証し，表象にあるブランド・イメージへの理解を深めていくのである。この作業は，根気のいる仮説検証のプロセスである。しかし，この作業をないがしろにしては，生活者がまちに対して抱いている本質的なブランド・イメージへの洞察は得られない。具体的なブランド・イメージの構成要素と，その構造モデルについて次章で解説する。

参考文献

［1］SSIR Japan．これからの「社会の変え方」を，探しにいこう．2021．

［2］西村勇哉．MIRATUKU FORUM ARCHIVES，2016-2019．2021．

［3］三浦丈典．こっそりごっそりまちをかえよう：彰国社；2012．

1．もし六本木ヒルズにまち全体を総合的に管理するタウンマネジメント組織（TMO）が存在しなければ，どのようなまちが出来ただろうか。

2．まちでのコミュニケーション活動が，まちのブランド・アイデンティティ形成に影響を与えている事例はあるだろうか，考えてみよう。

5 人と行動とまちづくり 2

鈴木淳一

《目標＆ポイント》 情報環境の多様化にともない生活者が情報過多状態にあるなか，まちでのブランド・コミュニケーションのあり方も，従来のコンセプト重視からナラティブ重視へと転換する必要がある。生活者のまちに対するブランド・イメージは，どのような構成要素から成り立っているのか，具体的なまちのブランド・イメージの構成要素と，その構造モデルについて概観するとともに，生活者に強固で豊富なナラティブを形成することでまちの運営主体がデザインするまちのブランド・アイデンティティを，生活者のブランド・イメージへとつなげていく「ナラティブ・ブランディング」の実践事例についても説明する。

《キーワード》 マーケティング，カスタマー・リレーションシップ・マネジメント（CRM），ブランド･イメージ，ブランド･アイデンティティ，ナラティブ・ブランディング

1. 生活者のもつブランド・イメージ

（1）ブランド・イメージの構成要素とその構造

まちのブランド・アイデンティティはTMOなどまちの運営主体や当該地域の中核企業によるブランドの自己表現であるため，前章で紹介したまちのブランド・アイデンティティを構成する要素とまちのブランド・イメージの構成要素には重複する部分が大きい。本章では，生活者の深層部から表層部にかけて分布する要素によってまちのブランド・イメージが想起され表象へと現れてくるものであるとする，ブランド論における「ブランド・イメージの構造モデル」（阿久津ら，2002）を応用

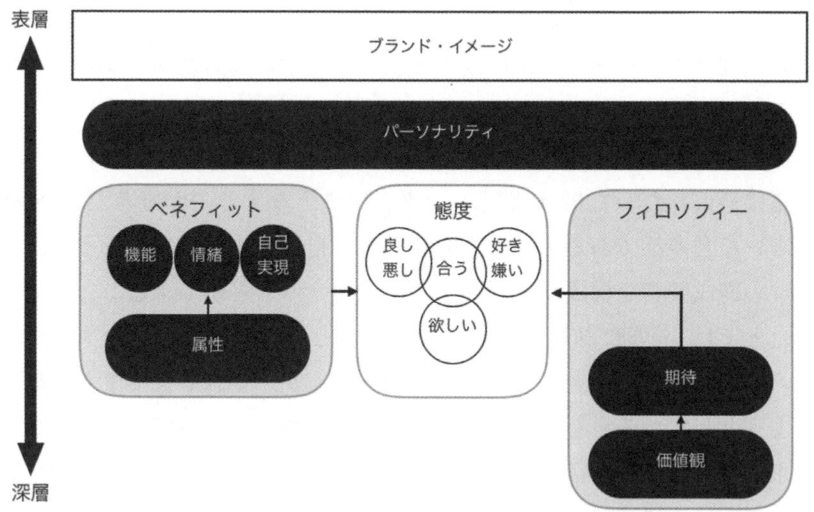

図５－１　ブランド・イメージの構造モデル

し，各構成要素の役割と要素間の関係性，そして生活者の来街時の行動選択へとつながるメカニズムについて明らかにしていく。

生活者にとって，ブランド・イメージを成す基底部分にはフィロソフィーがあり，その一部として価値観が存在する。生活者が抱くまちのブランド・アイデンティティに関しても，その根底には価値観があり，生活者の価値観と TMO や中核企業の打ち出すまちの運営に関する価値観とが共鳴するとき，両者は強固な関係で結ばれるのである。ただし，価値観が共鳴するほどの関係は人間同士でも稀であるとされ，したがって多くの場合は比較的表層にある要素のレベルでつながる関係となるだろう。

どのようなコミュニティに所属し，どのような人生を送りたいと思うか，価値観は生活行動から人生設計まで人生のほぼ全ての領域に投影される。つまり価値観こそ，人生や生活における基本的なナラティブを形成するための基準となるものである。

価値観はさまざまな欲求の優先順位を決定する判断基準になるものであり，「集団にあって常に話題の中心でいたい」（自己顕示欲求），「なるべく一人で過ごし，他人の干渉は好まない」（自律欲求），「親しい人と一緒に過ごしたい」（親和欲求），「新しいことをするのが好きだ」（変化欲求）など多様である。これらの欲求それ自体をまちのブランド・イメージの構成要素を構成するナラティブと捉えることができる。

たとえば，「常に話題の中心にいたい」という欲求を持った人と「他人の干渉を避けたい」という欲求を持った人が，それぞれでまちに出かけようとしているとしよう。この場合，価値観に基づいて，前者は自律欲求よりも自己顕示欲求を，後者はその逆を優先していると考えられる。これから行く場所に対して，前者は周囲と語り合いながら楽しい時間を過ごせることを期待し，後者は一人で静かな時間を送ることを期待するのだ。

このように，価値観が違えば顕在化される欲求も異なってくるだろうし，まちへの期待も当然違ってくる。つまり，まちに対してともに好意的なイメージを持っていたとしても，自分の欲求を満たすためのまちに対する期待は異なりうる。これをナラティブでとらえると，たとえば前者は「まち→仲間との会話→楽しい時間」というナラティブで，後者は「まち→独りになれる場所→日常生活から切り離された時間」というナラティブで，それぞれまちのイメージを形成しているのである。

このような，ナラティブの違いに着目すると，ターゲットに設定する生活者（来街者）によって，その期待を満たすために何を提供すべきかが分かってくる。前者をターゲットにするなら，来街者同士の会話が弾む明るくて広いスペースがあり，アップテンポなBGMが流れ，週替わりイベントなどが開催されているとよいだろう。一方，後者をターゲットにすれば，雰囲気の良い美術館や落ち着いて飲めるバーなど，自分と向き合える場所が必要になるだろう。

このように価値観と欲求，期待は密接な関係にあるが，まちのブランディングにおいては，とりわけ期待に着目する。なぜなら，それをもとに来街者はまちのブランドへの態度を決定するからである。

まちは生活者の価値観を含むフィロソフィーをベースに，まちブランドであれば社会に対してのあるべき姿を想定する。一方，生活者は自らの価値観に基づいて，対象となるまちブランドへの期待（生活者が想定する理想のまちの姿）を持つ。まち側は提供するものがある程度決まっているが，生活者は対象とするものを自由に決めることができる。つまり，生活に関するものすべてが対象となるのだ。そのなかで，まち側は生活者の期待を実現するための手段として自らのブランドを想起し，選択してもらわなければならないのである。

（2）表象としてのブランド・イメージ

まちの運営主体などの外部からもたらされる様々な情報は，生活者の知識ベースと反応しあい，表象としてのイメージを形成する。この場合，身体感覚的な刺激も含む外部からの情報を受けて，生活者には一定のパーセプション（認知・認識）が形成される。その際，個々の知識ベースのなかのブランド・イメージなどが想起されて思考可能な表象としてのブランド・イメージが形成されることが多い。

一方，外部からのインプットがなくても，内的な動機からブランド・イメージが想起され，表象に現れることもある。たとえば，「一人で過ごしたい」と思ったとき，思い浮かぶ公園のベンチや深夜営業のバーなどがあるだろう。その場合は，内的な要因によって表象としてのブランド・イメージが形成されているのである。

いずれの場合も，表象として現れるブランド・イメージは，知識ベースにあるブランド・イメージを反映したものである。つまり，心の比較的深層にあると考えられる価値観と期待，比較的表層にあると考えられる属性，ベネフィット，パーソナリティ，そして，それらを関係づけている態度から成る構造を反映した構成になる。一般に，言葉で説明されたり図などに描かれたりするのは，この表象としてのブランド・イメージである。

属性，ベネフィット，パーソナリティは心の比較的表層にあるため，表象に反映されやすい。これらがブランド・アイデンティティの構成要素になっている一つの理由はそこにある。もちろん，生活者の表象に現れたイメージはあくまで当人の知識ベースを反映したものであり，TMOやまちの中核企業がメッセージとして発信した通りのものであることはまずない。

ブランド論においてたとえばキャンプ用品のメーカーが「快適なキャンプ時間を過ごせる」というベネフィットをメッセージで訴えたとしよう。それを知った顧客の一人は「静かでゆったりとした時が流れるキャンプ」をイメージするかもしれないし，別の顧客は「友達や家族と騒がしく過ごすキャンプ」をイメージするかもしれない。またある顧客は「高性能ギアで調理や焚火に集中できるキャンプ」をイメージするかもしれない。そして，それぞれの期待に従ってそのキャンプ用品に関するイメージを膨らませるのである。

(3) 態度

生活者は，自分がまちのブランドに対して抱く期待と，そのブランドに関するさまざまなインプット情報から形成されるパーセプションもしくは表象としてのブランド・イメージを対照し，ブランドに対する態度を形成する。それが意識的に行われることもあれば，無意識的に行われることもあるが，いずれにせよ態度が購買行動につながるのである。

マーケティング学におけるナラティブ・ブランディングのアプローチでは，態度を四つに分けて考えている。「良い・悪い」という品質や性能にかかわる態度，「好き・嫌い」という好ましさにかかわる態度，そして自分の価値観やライフスタイルなどに「合う・合わない」という適合性にかかわる態度の三つと，それらが統合された結果生まれる「欲しい・欲しくない」という欲求にかかわる態度の四つである。これらの態度は，「買う・買わない」という行動の意思決定につながる。

2. まちのナラティブ・ブランディング

（1）ナラティブ・ブランディングとは何か

ナラティブ・ブランディングの究極の目標は，まちのブランド・アイデンティティと生活者が持つブランド・イメージを，コミュニケーションを通じて一致させることである。それによってブランドの需要は喚起され，生活者から愛され続けるものとなる。しかし，それは簡単に達成できる目標ではない。というのも，そもそもブランドを通して企業が持っている知識ベースと，生活者が持っている知識ベースは異なるし，それぞれのブランド知識の量もずいぶんと違うからだ。仮に同じブランド知識を共有していたとしても，ナラティブとして機能する知識は必ずしも一致しない。さらに言えば，ある時点でアイデンティティとイメージが一致したとしても，まちと来街者，また周囲の環境も日々変化しているために，それは安定したものにはならないだろう。

この目標は，時間をかけながら，まちと来街者はもちろんのこと，周囲をも巻き込んだダイナミックなプロセスのなかで達成されるべきものである。つまり，まちは来街者に対し，異なる知識ベースを前提としながらも，さまざまな働きかけを通してその心を理解し，来街者がまちのブランドに何を期待しているのかを明確に把握する。同時に，来街者にとって価値あるものであるためにどのようなブランドを提供できるのかを考え，発信できるように整理する。そして，整理されたブランド知識を，コミュニケーションという相互作用の中で来街者とやりとりし，同じ知識がナラティブとして同じように機能するようなダイナミックな流れをつくっていくのである。

そこでコミュニケーションが果たす役割は，大きく三つある。まず，カギとなるブランド知識を顧客に共有してもらう役割，次に，すでに共有されているブランド知識については，来街者の心のなかにおいても，ナラティブとしてまちの運営主体（TMO など）が意図したように機能させる役割，そして第三に，一定のブランド知識とナラティブのパターンが共有された後は，新しいナラティブを同じ方向性で創っていく，つまり共創していくように働きかける役割である。

（2）ブランド・コミュニケーション事例：エディンバラ（イギリス）

一般的にコミュニケーションの目的は，発信者と受信者が「意味を共有すること」であり，さらには持続可能なソーシャルキャピタルとして「共有できる意味を共創していくこと」にある。これらをふまえ，ソーシャルキャピタルの形成に成功したまちのブランド・コミュニケーション事例についてみていきたい。

一つ目のソーシャルキャピタル創出事例として，スコットランドのエディンバラでの取り組みを紹介する。同市は創造的な文化の営みと革新的な産業活動の連環が評価され，国連教育科学文化機関（ユネスコ）によって「ユネスコ創造都市ネットワーク」への加盟が認められている。

ユネスコ創造都市ネットワークとは，グローバル化の進展により固有文化の消失が危惧されるなか，文化の多様性を保護するとともに，世界各地の文化産業が潜在的に有している様々な可能性を，都市間の戦略的な連携によって最大限に発揮しあうための枠組みとして，ユネスコが2004年に創設したものである。2022年現在，92か国にまたがる295の都市が「ユネスコ創造都市」として認定されており，日本でも札幌市や金沢市などが認定されている。

“フェスティバル・シティ”として知られるエディンバラだが，エディンバラ・フェスティバルの始まりは1947年，第二次世界大戦の記憶がまだ薄れないなか，「人間精神の開花のための基礎を提供する」という理念を掲げ，エディンバラ国際フェスティバル（EIF）が創始されたことに端を発する。いまでは同市で開催されるフェスティバルのジャン

1. Edinburgh International Science Festival
2. Edinburgh International Childrens Festival
3. Edinburgh Jazz & Blues Festival
4. Edinburgh Art Festival
5. Edinburgh Festival Fringe
6. The Royal Edinburgh Military Tattoo
7. Edinburgh International Festival
8. Edinburgh International Film Festival
9. Edinburgh International Book Festival
10. Scottish International Storytelling Festival
11. Edinburgh's Hogmanay

図5－2　年間11もの国際フェスティバルを開催するエディンバラ

ルは，音楽，科学，映画，アート，舞台，ダンス，文学など多岐に渡り，2022年時点で75周年をむかえる。図5－2に示す通り，大規模な国際フェスティバルだけでも年間に11を数え，世界随一のアートフェスティバルとしてまちのブランドイメージが確立されている。

エディンバラは都市そのものが“フェスティバル・シティ”を標榜するユニークなまちだが，11のファスティバル組織は互いに連携することで共通のマーケティング戦略と技術導入戦略（それらは総称して「Festival Vision」と呼ばれる）を取りまとめている。そのようにして策定された同市のまちづくりの基本戦略「Festival Vision」は，スコットランド政府やエジンバラ市などの行政施策にも反映され，その他の関係団体やスポンサー企業なども巻き込みながら，まちの内外に重層的な戦略パートナーシップ網を形成している。具体的には，2015年に「A Ten Year Strategy to Sustain the Success of Edinburgh's Festivals（訳：エジンバラのフェスティバルビジョン - 10年後も成功を維持するために)」を刊行したのに続いて，2022年にはその続編にあたる「Edinburgh City of Imagination － 2030 Vision for a Resilient and Ambitious Festival City（訳：エジンバラのフェスティバルビジョン - 2030年に向けたレジリエンスと野望)」をリリースした。

このように同市の「Festival Vision」は2015年の時点で2025年を，2022年の時点で2030年を見据えたフェスティバルシティのビジョンとして常に10年先を見据え策定・編纂され，社会，経済，そして文化的な面を有機的に重畳させるための基本戦略として受け入れられている。また，そうした基本戦略に沿った中長期的な取り組みを関係者が共有できていることで，まちの知的資本としてソーシャルキャピタルの形成が進み，生活者の幸福度向上という大きな効果につながっているのである。

(3) ブランド・コミュニケーション事例：別府市

アートフェスティバルのような文化活動の開催を通して市民生活の活性化をはかることは，結果的に地域の社会的な連帯感の醸成にもつながる。そのようなブランド・コミュニケーションの事例として，本節ではエディンバラ同様アートフェスティバルに取り組む大分県の別府市を紹介する。なお，別府に限らず日本国内にはフェスティバルイベントの開催を通して地域振興をはかろうとする取り組みは数多あるが，従来型の単純なやり方では毎年のように強いインパクトを市民に与えることが難しく，地域資本としてのソーシャルキャピタル拡大につながらないばかりか，効果の持続時間も年々短くなってしまうといった指摘もある。そのようななか，市民が自ら積極的に文化活動に参加可能な仕掛けを用意することで人的資本の蓄積と市民のエンゲージメント向上を両立させた別府の取り組みは注目に値する。

大分県別府市は九州の東北部，別府湾と火山帯の間に位置し，2000以上の温泉に恵まれた世界有数の温泉観光地である。鉄輪温泉には，栄養分豊富な温泉，泥湯，砂風呂が揃い，市内8か所（6か所は鉄輪，2か所は柴石にある）の「地獄」と呼ばれるスポットを巡る別府地獄めぐりでは，迫力ある源泉を目の当たりにすることができる。温泉地として知られる別府だが，2000年代からアートプロジェクトを用いて地域ブランドの向上や観光振興，移住・定住の促進，そして企業と共同で経済活性化施策などに取り組み，現在は地域独自のソーシャルキャピタルを実現するアートフェスティバルの成功事例としても注目を集めている。

別府市のアートフェスティバルに特徴的なのは，「別府混浴温泉世界」や「In Beppu」，「Alternative State」といった著名な芸術家を招き純粋なアート・フェスティバルとして個展型の芸術祭が催されるだけでなく，地域の人的資本や市民エンゲージメント向上を目的とした市民参加型のアートプロジェクト「ベップ・アート・マンス」が併走する構図にある。アートフェスティバルから派生したベップ・アート・マンスは，地域のNPOと市民が協働するかたちでスタートし，2022年現在13年目を迎える。これは文化・芸術に関わる市民が自ら参画する市民文化祭という位置づけであり，毎年多くの企画が立ち上がる。その際，資金調達の支援や会場手配・機材の手配といった行政と市民との橋渡し作業，また観光客向けの広報業務やチケット販売業務のほか，フェスティバルを訪れる来場者の動線全般にわたってきめ細かい支援が行われており，そこでは地域のNPO法人「BEPPU PROJECT」が中心的役割を果たしている。

同NPO法人は現代芸術の紹介や普及，フェスティバルの開催や地域性を活かした企画の立案，人材育成，地域情報の発信や商品開発，ハード整備など，さまざまな事業を通じてアートが持つ可能性の普遍化を目指し，アートを活用した魅力ある地域づくりに取り組んでいる。そのような支援の枠組みを通して地域の中で市民が創造性を発揮し文化活動に自ら積極的に関わることによって，市民一人ひとりの人的な資源が蓄積されることで地域のソーシャルキャピタルの向上をもたらしている事例である。まちのブランド・コミュニケーション戦略として他にあまり例をみない優れたモデルといえるだろう。

(4) ブランド・コミュニケーション事例：瀬戸内国際芸術祭

瀬戸内国際芸術祭とは，瀬戸内海の島々を舞台に開催される現代美術の国際芸術祭である。略称は「瀬戸芸」。対象地区が岡山・香川の両県に跨る一大イベントで，トリエンナーレ形式で，第1回の2010年から3年ごとに開催されている。2022年は第5回目の開催年となるが，総合ディレクターをつとめる北川フラム氏は当初より，瀬戸芸の重要な位置づけとして食・アートを通して地元の生産者とつながること，つまりそれは一次産業とつながるということが重要であるとして，まちのブランドコミュニケーションの視点に通じる見解を表している。

瀬戸内国際芸術祭2016では，「食プロジェクト」を特に大きな要素として位置づけ，来場者に旅の醍醐味としての瀬戸内の食を大いに味わってもらうとして同年秋会期には大々的に食プログラムを展開。そのアートフェスティバルに向けて瀬戸内国際芸術祭実行委員会では，瀬戸芸2016で「食プロジェクト」を担う人材を育成するところから開始したという。育成の拠点となったのは「瀬戸内『食』のフラム塾」であり，2015年から開講，講座では塾生が地元産の素材を用いた料理や郷土料理，食と地域との関わり方などを学び，翌年の瀬戸芸に向けて研鑽を積んだのである。なお，その後も瀬戸内『食』のフラム塾の活動は続いており，2022年の瀬戸芸では瀬戸内の12の島々と２つの港を会場に，それぞれの地域性をいかした美味しい食を提供する取り組みを一体となって進めている。アートフェスティバルを訪れる人たちの側にも変化が生じており，アート作品やアート体験だけでなくアート活動の一環として「食」を楽しみにする傾向もみられるという。

瀬戸芸における食プロジェクトの位置づけを人材育成の取り組みと捉えるならば，今後はそのような取り組みの結果，どのような地域資本としての結実をみるかという点も議論の対象となるだろう。

以上で紹介したいくつかの事例に共通する，ブランド・コミュニケーションにあたり留意しなければならないこととしては，コンセプトだけを投げ入れても，それをどのようなナラティブで解釈するかは，当然ながら受け手の側に委ねられているということだ。生活者は自分が持っているナラティブを使って，受け取ったコンセプトを解釈しようとする。そこでナラティブとして機能するブランド知識は，受け手の個人的な経験に基づくものかもしれないし，そのとき世間で話題になっていたために当人の中で活性化されていたものかもしれない。受け手が心のなかで何がナラティブとなるかを考えずにコンセプトを投げ入れれば，まちの企図とは違う，予想外のナラティブで意味づけられる可能性がある。

紹介例のように，まちのブランド・コミュニケーションにおいては，視点をコンセプト重視から，ナラティブ重視に転換しなければならない。このところ注目されている経験価値マーケティングやカスタマー・リレーションシップ・マネジメント（CRM），インターネットを使ったブランド構築などは，ナラティブ・ブランディングの観点から捉えると，生活者のなかに強固で豊富なナラティブを形成することを目指した方法論であるといえよう。

ナラティブを共有していくことによって，まちは生活者とブランドの意味を共有できるようになり，生活者の持つブランド・イメージはまちが望むものに近づく。そして，より強固なブランド・イメージを確立するためには，一つのナラティブではなく，複数のナラティブを共有するほうがよい。ナラティブが多ければ，それだけブランド連想も豊かな広がりを持つようになるからである。

参考文献

［１］山﨑考史．政治・空間・場所：ナカニシヤ出版；2011.
［２］阿久津聡，石田茂．ブランド戦略シナリオ：ダイヤモンド社；2022.
［３］髙嶋克義，髙橋郁夫．小売経営論：有斐閣；2020.

１．自身にとって，ブランド・イメージに合致するブランド・アイデンティティがあるか考えてみよう。
２．自身にとって，ナラティブとして機能するブランド知識は個人的な経験に基づくものか，世間で話題になっているものか考えてみよう。

6 生活空間における IoT

川原靖弘

《目標＆ポイント》 日常生活における行動を把握するための要素技術に，移動体センシングがある。動いている人やもの（移動体）のセンシングを行うために，どのようなセンサをどのように用いる方法があるのかを理解し，これらの手法の日常生活やまち空間における応用について考える。また，SNS の特徴の一つであるインターネット上の人間の相関関係やそのつながり可視化の方法について，例を紹介する，
《キーワード》 ソーシャル・ネットワーキング・サービス（SNS），ソーシャルグラフ，Web 2.0，移動体センシング，ウェアラブル，ユビキタス

1. 携帯情報通信端末の利用

まちの活性化を目的とした，情報流通の制御や SNS（Social Networking Service）を利用したコミュニケーションの活発化が行われることが可能になった背景において，携帯情報通信端末の普及と通信環境の整備が大きく貢献している。この章では，現実空間での情報把握や情報共有が実現されるための要素としてのモバイル通信ネットワークの構成や利用形態について概説する。

携帯情報通信端末とは，図６－１のように，通信部分と情報処理部分，外部とのインタフェースのある持ち歩きのできる端末のことで，携帯電話やスマートフォンのように日常生活シーンおいても広く普及してい

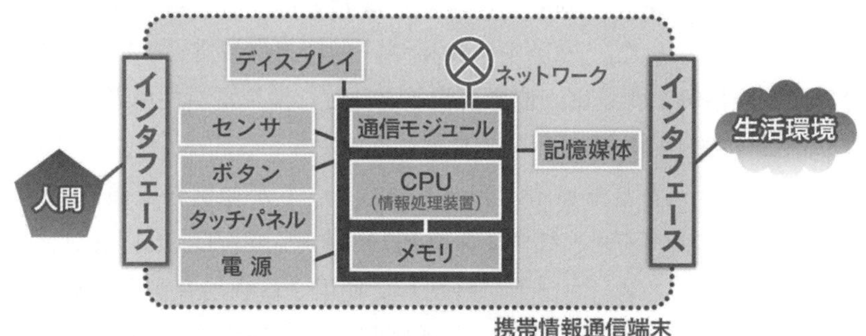

図6－1　携帯情報通信端末の構成

る。図6－1を見てもわかるように，私たちが日常的に所持するようになった携帯情報通信端末は，ボタンやタッチパネルで操作ができ，ディスプレイで情報が確認できる。また，端末に搭載されたセンサにより使用者の周囲の環境をセンシングすることができる。電話においては，使用者同士が音声をやりとりすることにより通話が可能になるが，今日広く普及している携帯情報通信端末においては，音声以外の情報の送受信が可能である。

ここで，携帯情報通信端末普及の歴史を簡単に見てみる。我が国における携帯電話の販売は，1985 年の肩掛け式の無線電話に始まる。1990 年代になり常に持ち歩く形状の携帯電話が普及し始め，デジタル通信ネットワークの整備に伴い，1997 年よりショートメールサービスが始まった。1999 年になると携帯電話からのインターネット接続サービスが開始され，画像の送受信も行われることになる。

2000 年には，カメラの搭載された携帯電話が発売され，撮影した画像のメールでの送信機能など，この時期から携帯電話を利用して通信を行う情報の多様化が進んでいく。2004 年には，電子マネーを利用できる携帯電話が登場し，2006年にはその機能を使用して自動改札が利用できるようになった。2007年に義務づけられた携帯電話への位置情報等通知機能搭載を背景に，位置情報と連動した携帯電話使用者への様々なサービスも登場する。

また，2000年よりモバイルデータ通信カードが通信料定額で利用できるようになり，ノートパソコンやPDA（Personal Digital Assistant）をまちなかでインターネットに接続して使用する利用者が増え始めた。2005年に，今日スマートフォンと呼ばれている通話機能がついたタッチパネルインタフェースのPDAが発売され，その後の端末の進化と通信インフラの整備と共に，今日では，多くの生活者が日常的にスマートフォンに代表される携帯情報通信端末を所持するようになった（図6－2，6－3）（参考文献［1］）。世界の状況を見てみると，2020年において，人口あたりの携帯電話契約者数は100％を超えている（109.9％）。モバイル高速インターネットの人口あたりの契約者数は83.2％であり，先進国に限ると131.0％となっている（参考文献［2］）。

図6－2　携帯情報通信端末の形態

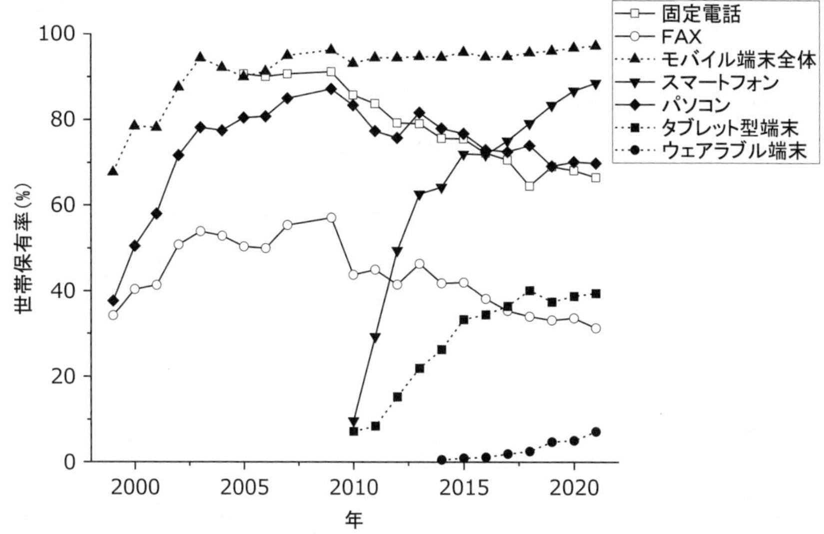

図6－3　情報通信機器の世帯保有率の推移

出典：総務省「通信利用動向調査」
https://www.soumu.go.jp/johotsusintokei/statistics/statistics05.html

2. まち空間におけるモバイルセンシング

(1) モバイルセンシング

移動体（動くもの；人や乗り物や動物など）にセンサを装着し，移動しながら情報をセンシングすることを，モバイルセンシング，あるいは移動体センシングという。人を対象としたモバイルセンシング技術について，その概念とまち空間での利用について見ていく。

人間にセンサを装着しモバイルセンシングを行うことで，人の行動や状態，周囲の状況などを把握することができる。表6－1にその一例を示す。加速度計を持っていれば，その振動波形を解析することにより，歩数や活動量が推定できる。温度計をぶら下げていれば，周囲の温度が把握できる。日常的に身につけている人が多いスマートフォンには，これらのセンサの一部は搭載されており，これを用いることにより，日常的なモバイルセンシングがまち空間でも可能である。

表６－１　モバイルセンサで測定可能な項目の例

センサ	測定対象	推定項目
加速度センサ	振動，傾き	活動量，姿勢
気圧センサ	気圧	高度の変化
電界強度センサ	公衆電波電界強度	自己位置
生体電位センサ	皮膚表面電位	心拍，脳活動
温度センサ	外気温	外気温
地磁気センサ	地磁気	方位
ガイガーカウンタ	放射線	放射線量

移動体センシングにおいて，センサを身につけてセンシングすることをウェアラブルセンシングと呼ぶ。wear+able の造語で，着る（身につける）ことのできるセンサでセンシングをするという意味である。さらに，スマートフォンやスマートウォッチ等の身につける情報通信端末を使用して，情報の収集や情報処理を行うことをウェアラブルコンピューティングという。

ウェアラブルセンシングは，身につけるセンサや情報処理装置の技術的進化により，日常利用が可能になっていくが，このセンサや情報処理装置（端末）の低消費電力化，効率的で高速な情報通信方式の利用，及び柔軟なセンサ機能材料の開発が，日常空間におけるウェアラブルセンシング実現の鍵となっている。

生活環境中の情報通信機器（人感センサ，デジタルサイネージ，無線

LAN アクセスポイント，情報家電，街頭カメラなど）により，ユーザの行動モニタリング，携帯情報通信端末から得られるユーザの情報の補強や通信が可能となる。このような日常生活空間になじむ形で環境中に埋め込まれたネットワークに接続されたセンサが，周囲の情報をセンシングすることをユビキタスセンシングという。ユビキタスというのは，遍在するとか，至るところにあるという意味で，ユビキタスセンシングとは，環境中のいろいろな場所に設置されたセンサによる情報収集のことを指す。このような機能を有する環境設置型の情報通信端末によりセンシングした情報を処理することをユビキタスコンピューティングといい，ウェアラブルコンピューティングと連動して，人間の行動や関連する様々な情報を収集することができ，それらを組み合わせることによりさらに精緻なモバイルセンシングが可能となっていく。

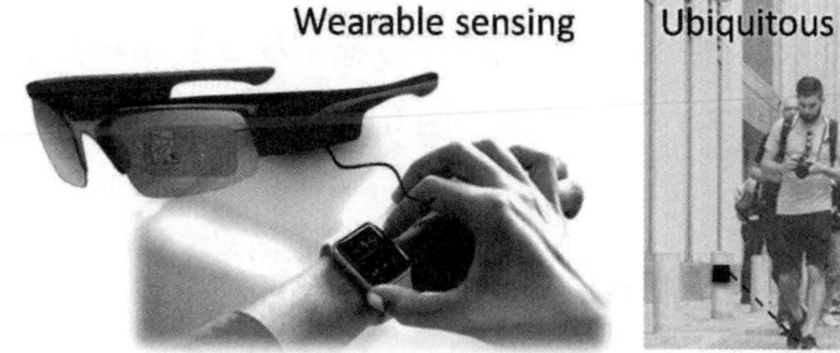

図6－4　ウェアラブルセンシングとユビキタスセンシング

(2) まち空間における行動認識

スマートシティと呼ばれる，ユビキタスセンサなどをまち空間に埋め込んで情報通信技術を駆使して様々なサービスを実現できるようにしたまちや施設などでは，まちに来た人にリアルタイムに特定の場所で情報提示するような試みも行われている。ウェアラブルセンサの応用例として，情報通信端末に埋め込まれたセンサモジュールにより，利用者の生体情報を取得する手法がある。よく利用されているのは，加速度センサである。加速度センサを用いることで，利用者の歩行状態，活動量などを予想し，推定された行動情報と連動したサービス提供や，健康管理などに応用することができる。

センサで取得できるデータの例として，図６－５には，３軸加速度計を腰部と手首に装着したときの，静止時，歩行時，走行時の垂直方向の合成加速度波形が示されており，波形の振幅よりこの３つの移動状態が区別できることを示している。また，腰部と手首の加速度波形はほぼ同様の移動形態の特徴を示しており，スマートウォッチなどの手首装着型の情報通信機器にこのような移動状況識別機能を搭載することも可能であることを示している。また，図６－６には，図６－５のそれぞれの状

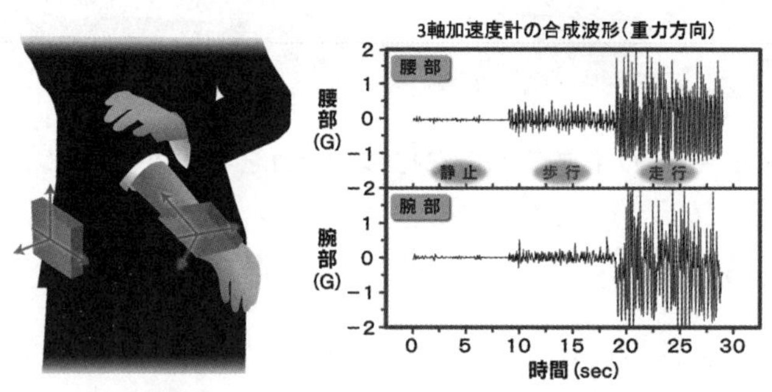

図６－５　加速度計による行動認識

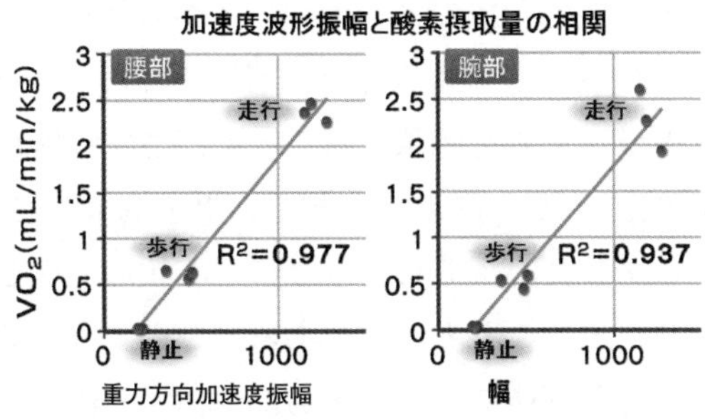

図6－6　加速度による活動量予測

態のときの移動者の酸素消費量を測定した値と加速度振幅との関係が示されており，加速度振幅の値から加速度計を装着している人の活動の強度（＝酸素摂取量）が推定可能であることを示している（参考文献［3］）。

図6－7に，モバイルセンサを所持し，商用ビル内を移動し，加速度，気圧を計測した例を示す。細かく振動している部分のある波形が加速度のグラフで，時間の経過とともに線形的に増加している部分のある太い線が気圧のグラフである。このようなデータを用いてまちなかでの行動

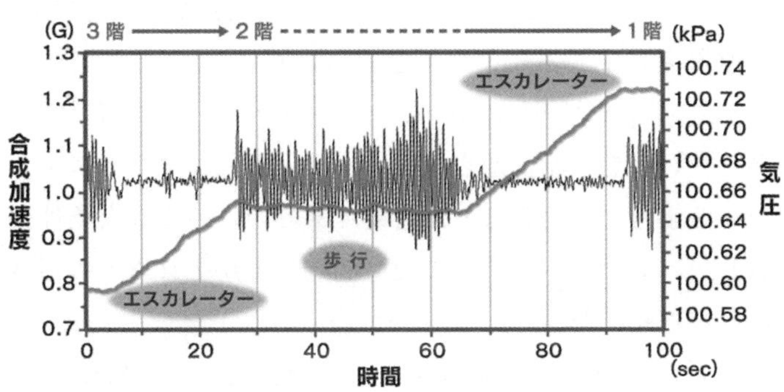

図6－7　気圧と加速度を用いた行動認識

を推測し，特定エリアの動線の把握や利用者への個別の情報提供を実現しようとする動きもある。身体の特定の部位に装着するウェアラブル情報端末のセンサモジュールを利用することで，さらに幅広い生体情報のセンシングが可能になる。例えば，胸部に貼り付けた15gのセンサで連続してセンシングした心電波形をもとに，心拍の間隔を算出し，自律神経活動状態を推定することも可能である。このように心身の健康管理に有用な情報も取得が可能であり，まちで生活する人やまちを利用する人にとって有用な体験を，モバイルセンシングを通して提供したり，まちの運営にフィードバックしたりすることが望まれている。

（3）屋内測位

屋内での自分の位置は，屋内地図などで確認するので事足りる場合もあるが，公共空間や商用ビルなどでの情報提供において，ビル内に来た人の位置を把握して情報提供する屋内測位サービスを導入する施設もある。屋内での測位には，無線LANやBluetooth（近距離間データ通信のための無線通信技術）のアクセスポイントなどの電波発信機器（ビーコン）が利用されている。携帯情報通信端末の無線LAN機能を用いると，周囲の無線LANアクセスポイントからの電波強度と固有アドレスから，端末の位置を推定することができる（図6－8）。この測位サービスはサビスシステム（サーバ）が，アクセスポイントの位置と固有アドレスを把握しているか，測位地点において受信可能なアクセスポイント固有アドレスを学習していることが必要であり，このような条件が整備されていると，アクセスポイントの設置間隔程度かそれ以上の精度で端末の位置推定が可能になる。

NFC（近距離無線；Near Field Communication）機能を用いた携帯情報通信端末の位置推定方法は，NFCチップの埋め込まれた携帯情報

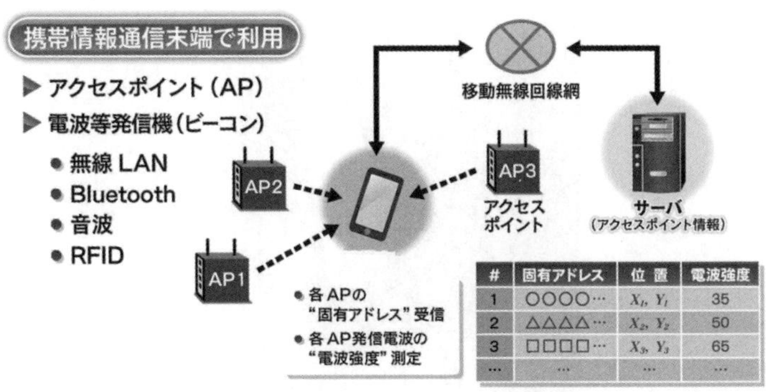

図6－8　携帯情報通信端末を用いた屋内測位システムの構成

通信端末やカードと通信を行ったNFCリーダ／ライタ端末の設置位置が，通信時点における端末位置となるというシンプルなものである。NFCリーダ／ライタ端末には，デジタルサイネージや交通機関の自動改札などが挙げられる。RFタグ（電子タグ）のついた商品の流通や在庫の把握に利用する方法と同様の方法であるが，駅の自動改札のように日常的に利用する位置に存在するNFCリーダ／ライタ端末を通して利用者の所持するNFCチップのIDを記録することで，利用者の動線を把握することも可能になる。

移動体センシングをまち空間で利用した例を紹介する。このまち空間では，スマートフォンを用いて前述の屋内測位が可能であり，また施設内に設置された36機のデジタルサイネージ（図6－9）と，専用のスマートフォンアプリを連携させ，いつでもどこでも施設内のデータベースに登録された情報にアクセスすることができる。そしてデジタルサイネージにアクセスした時間やアプリの検索履歴，店頭にあるNFCリーダへのチェックイン履歴はネットワークを通じてサーバに蓄積される。この試行では，あるスポットでのユーザの「チェックイン」情報をトリ

図６－９　まち空間に設置されたデジタルサイネージ

ガとして得られる屋内無線 LAN 測位データにもとづく行動履歴を利用し，不特定多数のユーザから一緒に行動しているユーザを抽出できることを示した（参考文献［4］）。

(4) ヒューマンプローブ

携帯情報通信端末を用いて，ユーザの周囲の環境をセンシングすることができる。光環境，音環境，温冷環境などをセンシングすることにより，ユーザの周囲環境の把握が可能になる。

GPS などの位置情報機器と併用し，ユーザの周囲の状況，また周囲の状況により引き起こされるユーザの行動を把握することにより，広範囲の環境情報を取得することができる。このような人間の移動による走査型の環境情報モニタリング方法を，ヒューマンプローブと呼ぶこともある。この手法は一定時間変化しない情報（放射線量，地形など）を簡便に調査するのに役立つ。

多数のユーザが積極的に情報を提供することで，提供した時間・場所における環境の状況を集約し，広範囲の地域の環境情報を可視化することも行われている。例えば，サービス利用者自身の情報通信端末による天気の状況報告を集約公開する天気情報サービスは，時間的にも空間的にも詳細な天気の実況を実現している。

(5) ライフログ

日常生活における個人の活動を，保存し検索できるようにすることを目的に，デジタルデータとして記録 (log) することをライフログという。ライフログを早期に研究した有名なプロジェクトに，MyLifeBits がある。このプロジェクトは，Microsoft 社の G. ベルにより 2001 年から実施され，撮影した写真や視聴した音楽やビデオ，閲覧したウェブページ，電子メール，電話，請求書などの，個人の生活の主要部分の情報をコンピュータのハードディスクに保存し，生活における全記憶をデータベース化し，自由に引き出せるシステムを開発することを目的としたものである（参考文献 [5]）。

前節で解説した情報通信端末と通信ネットワークの整備により，日常生活空間においてライフログをリアルタイムに遠隔サーバに蓄積することは可能である。ライフログを行うための個々のモニタリング技術（携帯情報通信端末に搭載する小型センサや行動認識のための情報処理技術等）の発展により，新たな種類の生活データを蓄積できるようになる。現実空間と情報の保管と処理を行うクラウドネットワーク上の仮想空間が接続され相互に情報をやりとりすることができるシステムを構築することにより，ライフログのデータに基づき，現実空間に存在する個人に有用な情報を携帯情報通信端末などを通して提供することが行われている。つまり，情報通信技術の発展により，現実空間と仮想空間に存在する情報を場所を選ばず,即時的に相互参照することが可能になっている。

3. ソーシャルコミュニケーションの可視化

(1) ソーシャルネットワークサービス

Facebook や Twitter に代表される，登録された利用者同士が交流できる web サービスである SNS（Social Networking Service）を利用することで，友人同士や同じ趣味を持つグループなどが web（仮想空間）上でコミュニケーションをすることが可能になる。

多くの SNS において，限定公開ができる日記機能やリアルタイムにコミュニケーションをとるためのチャット機能が設けられている。SNS の利用において，いつでもどこでも利用できる手軽さからスマートフォンなどの携帯情報通信端末を用いて利用するケースが多い。SNS 機能の中には，携帯情報通信端末で管理しているスケジュールや所持者の位置情報などにもとづいて，SNS で情報を発信する人の状況を，情報を発信する度に付帯情報として発信先に提供する機能もある。この機能により，相手の状況を理解することで遠隔でのコミュニケーションをより円滑に行うことができている。

また，ネットショッピングサービスにおける口コミ機能も SNS ということができる。同じ商品に興味を持つユーザがニックネームで情報交換したり，自分と同じ趣向を持つユーザが特定の商品にどのような評価をしているかも見ることができる。日常生活空間で SNS を利用することにより，自身の置かれている状況を付帯しながらコミュニケーションをすることが可能になったが，これにより，まちなかのスポットやイベントなどの特定の生活空間でより密接なコミュニケーションが生じている。このことについて詳しくは後の章で述べる。

（2）ソーシャルグラフ

人と人との関係性や情報のやりとりを可視化する手法として，グラフ理論の「グラフ」を用いる方法がある。グラフは，点である「ノード」と点と点を結ぶ「エッジ」から構成される。これを用いると，ノードとノードとの関係性や，ノード間の情報の遷移などを図示して表すことができる。実際は，端末をノードで表し，コンピュータネットワークにおける情報伝達のトポロジー解析に用いられたり，ノードを特定の場所として，場所間の最短ルート解析や配車に利用されたりしている。個々人をこのノードで表すことにより，人間間での情報のやりとりなどをグラフで表現することができ，社会における関係として表現されたグラフをソーシャルグラフと呼ぶことがある。例えば，表6－2は，特定の人から特定の人へのメッセージの送信状況を表している表であるが，これをグラフで表現すると，図6－10のように可視化できる。

描かれたグラフを見てみると，人と人との関係性が直感的に把握できるような感覚を持てることがわかる。さらに，人の属性や置かれた状況，情報量を，ノードの大きさや色，またエッジの太さなどに変化を持たせることでグラフ内で表現することが可能である。

表6－2　メッセージの送受信表（1-8は送受信者のID）

受信者

送信者	1	2	3	4	5	6	7	8
1		1				1		1
2					1	1		
3	1			1				1
4					1	1	1	
5			1			1		
6		1	1				1	
7								
8		1	1	1				

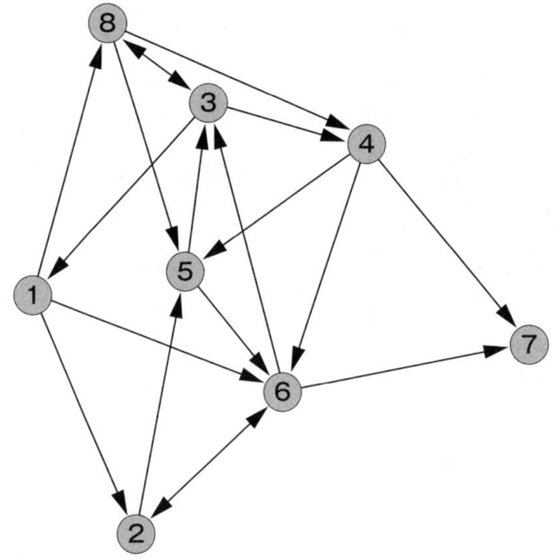

図6－10　人から人へのメッセージの送受信を表すグラフ

参考文献

［1］総務省．令和4年版情報通信白書．2022

［2］ITU-DICT Statistics, https://www.itu.int/en/ITU-D/Statistics/Pages/start/default.aspx/

［3］川原靖弘，片桐祥雅，駒澤真人，板生研一，腕装着型活動量計に関する研究，電子情報通信学会 HCG シンポジウム論文集，2013.

［4］J. Suzuki, Y. Kawahara, H. Yoshida, and N. Watanabe, Social City Development and Analogy of Location Based Social Graph (Within-City Human Relations), AER　Vol. 51　Applied Social Science. 2014；pp.593-599

［5］Gordon Bell and Jim Gemmell, A Digital Life, Scientific American. 2007；296：pp.58-65

1．人間の行動やまちの状況を把握するために，どのようなセンサを利用することができるか，考えてみよう。

2．まちのなかのコミュニケーションを想定し，どのようなソーシャルグラフで表せるか，考えてみよう。

7　実空間における仮想空間情報の利用

川原靖弘

《目標＆ポイント》 まちにおいて，人々の行動や状況を把握するために有効な手段として，モバイル通信の利用がある。このような目的で利用されるモバイル通信ネットワークの構成要素や通信形態について概説する。また，モバイルコミュニケーションを用いた日常行動の把握とその利用について，レコメンデーション手法を取り上げ，実空間での応用について考える。
《キーワード》 携帯情報通信端末，モバイル通信，クラウドネットワーク，LPWA，レコメンデーション，CPS，デジタルツイン

1．ソーシャルシティにおける通信技術

(1) モバイル通信

無線通信の歴史を遡ると，1895年のイタリアのG.マルコーニの実験がある。マルコーニは，8mの高さのアンテナを用いて，2.4km離れた場所でモールス信号を受信することに成功した（参考文献［1］)。このとき使用した電波は，誘導コイルを使った火花放電装置により発生するもので，その周波数帯域は広くランダムな波形であった。この原理による無線通信は，実用化において船舶に広く利用され，1912年のタイタニック号の事故をきっかけに，安全の確保を目的として，国際的に大型船舶に無線機が装備されるようになった。

今日，地上で利用されている携帯電話に代表される無線通信ネットワークは，移動端末（携帯電話端末など）と基地局が通信を行うことにより実現されている。基地局の電波が届く範囲をセルと呼び，このセルに

ある移動端末はセル内の基地局と通信を行う。移動端末が，別のセル内に移動した場合は，そのセル内の基地局と通信を行うために，基地局と接続された交換機が新しいセル内の基地局に回線をつなぎ替える（図７－１)。この移動による別の基地局への接続をハンドオーバーという。

この移動端末と基地局との無線通信において，多くの端末がより高速に多くの情報を通信できることが必要とされている。このことを目的にモバイル通信の方式は発展している。日本では，1979 年にアナログ通信による携帯電話サービスが開始された。多くの人が同じ電波を使用して通信をするためには，お互いが混信しないように，通信している端末ごとに通信チャネルを分ける必要がある。アナログ通信では，チャネル毎に周波数を少しずつずらして通信を行い混信しないようにする通信方式が使用された。この周波数で分ける通信方式を FDMA（Frequency Division Multiple Access）といい，このモバイル通信の形態は，第一世代モバイル通信（1G）と呼ばれている。

1990 年に欧州でデジタル通信が始まり，音声通話だけでなくデータ

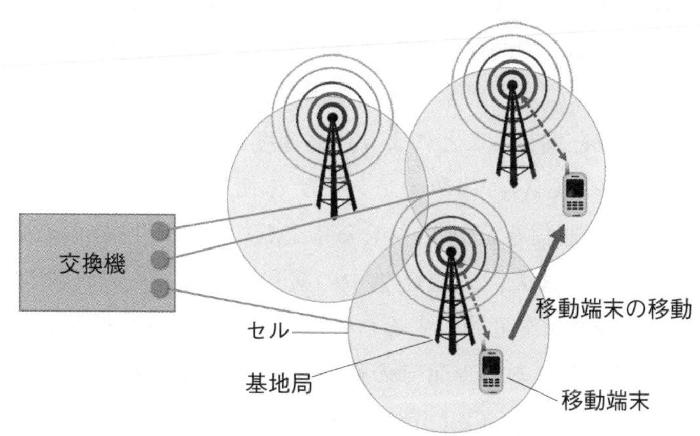

図７－１　携帯移動端末のセルの移動

通信が可能になった。この時期のデジタル通信においては，TDMA（Time Division Multiple Access）という通信方式が使用された。TDMA は，各通信チャネルにおいて信号を時間で分けて順番に送受信する通信方式で，より効率的な情報伝送を可能にした。この通信形態は，第二世代モバイル通信（2G）と呼ばれ，GSM（Global System for Mobile Communication）と呼ばれる通信方式が多くの国で採用された。

2000 年代になると第三世代モバイル通信（3G）が実用化され，動画を含んだマルチメディア対応を目的としたデジタル通信の高速化が行われた。この世代で中心となった通信方式は CDMA（Code Division Multiple Access）であり，この方式では，周波数の分割は行われず，通信端末毎に送信信号に固有の方式の変調を行い，受信側でこの方式に対応する逆変調を施すことで受信する信号が識別され，多元接続を可能にしている。

国内では，2010 年 12 月にサービスが開始された，世界標準の LTE 規格による第四世代モバイル通信（4G）と呼ばれる通信規格では，3G の通信速度が数 Mbps ～十数 Mbps であったのに対し，数十～数百 Mbps とさらなる通信速度の高速化が行われている。この世代の通信では，高速化のためにいくつかの要素技術が使用されている。たとえば，複数の通信周波数帯域を束ねることにより通信速度を高速化させるキャリアアグリゲーション（CA），複数のアンテナを使用してデータを同時伝送することにより通信を高速化させる MIMO（Multiple Input Multiple Output）がある。また，通信の集中の緩和やより多くの日常シーンにおけるモバイル通信を可能にするために，規模の小さなセルが増加しているが，規模の異なるセル間での通信における電波干渉を低減させる eICIC（enhanced Inter Cell Interference Coordination）も 4G における要素技術である。2020 年 3 月から商用サービスが開始された，第五世代モバイル通信（5G）においては，さらなる，高速・大容量（最大20Gbpsを目標），低遅延，多端末同時接続の通信を実現させるために，6GHz帯やミリ波帯の高周波数帯域を利用し，広帯域幅を用いた通信を行う。高速・大容量通信を行うためには通信帯域を拡げる必要があり，他の目的で使用されていない周波数帯域を使用するために高周波数帯の利用が必要となっている。高周波数帯の電波は減衰しやすく安定した通信が困難な場面も想定され，アンテナ数を桁違いに増やしたMassive MIMOを用いる方法などで，安定した通信を実現する。

（2）クラウドネットワークとモバイルセンシング

前述した，通信技術やモバイル情報通信端末の発展により，生活者が日常的に情報通信端末を携帯し，インターネットを通じて多様な情報を送受信することが可能になった。

従来は，インターネットに繋げて使用するコンピュータは固定された場所に設置され，そこで計算や情報処理が行われていた。しかし，情報通信端末の多様化とインターネットの発達により，どこでもネットワーク上のサーバ（データの処理や管理を行うコンピュータ）にアクセスできるようになりつつある。すると，サーバがどこにあっても関係がなく，あたかも雲の中のコンピュータで計算を行ってもらっているような状況が生じ，このことを「クラウドコンピューティング」と呼ぶ。このクラウドコンピューティングを実現しているネットワークはクラウドネットワークと呼ばれている。今日，クラウドネットワークには，コンピュータや携帯情報通信端末の他に，街頭のカメラ，掲示板，バス停，改札から家電に至るまでさまざまな情報通信端末が接続している。

これらの端末の外部とのインタフェース（接点）により，接しているものの状況をモニタリングしたり制御したりすることも行われる。例えば，私たちが所持する携帯情報通信端末の使用者との接点（ヒューマン・インタフェース）とクラウドネットワーク上の情報処理システムを通して，使用者の行動やその周囲の状況のモニタリング（モバイルセンシング）が可能になる。そして，その情報をもとに，クラウドネットワーク上のサーバが携帯情報通信端末に対して，その所持者に特化したサービスを提供することも可能になる。

このような技術は，まちづくりにおいても利用されるようになっており，クラウドネットワークの整備とネットワークの高速化により，モバイルセンシングのデータに基づくより多様なサービスが実現されることになる。

（3）LPWA の利用

ネット社会の利便性を実現するうえでこれまで「クラウドネットワーク」が主要な役割を果たしていた。これはすべてのクライアントの個人利用端末をネットにつなぎ，情報をデータセンターで解析・加工して付加価値をつけクライアントに提供するというサービスである。モバイル通信の環境が整備されいつでもどこでもネットにリンクすることができるようになった今日，極めて利便性の高いサービスを受けることが可能となった。しかし，情報の一元管理は個人情報漏洩や目的外利用のリスクを高める結果となっている。例えば，携帯電話の GPS 機能を利用してタクシーをネット上で手配するサービスが海外で開始されたが，顧客の位置情報をサービス終了後も取得しマーケティング等に利用しようとするなど，企業倫理が問われる事件も発生した。

こうしたネット社会の利便性を損なわずにリスクのみを下げることが今後の大きな課題となっている。その解決策として，クラウドネットワークを「破壊する」アドホックネットワークの検討が進められている。

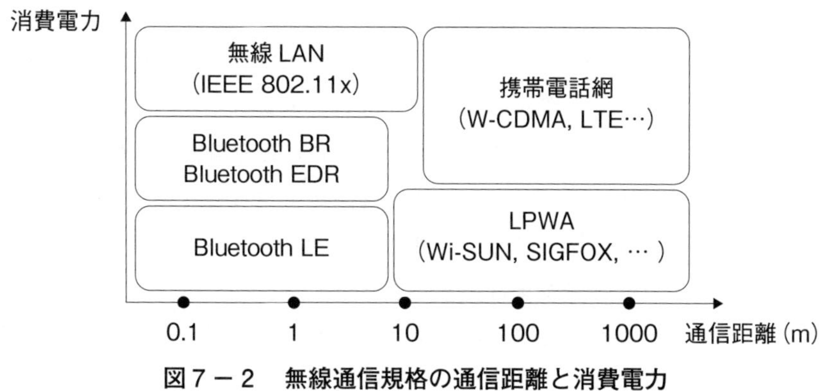

図7－2　無線通信規格の通信距離と消費電力

アドホックネットワークは，複数の通信ノードをメッシュ状に配置し，近接のノード間で通信することにより全体を一つのネットワークに融合しようというものである。こうしたアドホックネットワークの要素技術の1つとして，IEEE で国際標準化された Wi-SUN（Wireless Smart Utility Network）方式（図7－2）が着目されている。Wi-SUN は，LPWA（Low Power, Wide Area）と呼ばれる，低消費電力で長距離無線通信を実現する通信方式の1つで，この方式を用いれば通信ノードを電力線を用いないで配置することが可能となる。他の通信方式と比較したときの，消費電力および通信距離のイメージを図7－2 に示す。このため，最小限の初期投資で無線電波の届かないオフィスビルやトンネルといった構造体に無頓着にアドホックネットワークを展開することができる。省電力と引き換えにデータ通信速度には制限があるものの，大容量通信を必用としない IoT 機器を接続するセンサーネットワークへの適用が期待されている。

こうした Wi-SUN による将来のサービス展開のイメージを図7－3 に示す。これは携帯電話によるタクシーの配車サービス事例である。クライアントの携帯電話のGPS機能を使ってタクシーを手配しようとする場合，Wi-SUNを間に介することで個人情報をタクシーの運用会社に取得されることなく配車サービスが受けられるようになっている。タクシードライバーは，クライアントが提供するGPS情報を基にクライアントに近接した後，Wi-SUNの自動接続機能を使って互いに認証することで，サービスの提供（タクシー利用）が開始される。クライアントとタクシー運用会社に情報銀行が介在することもこのシステムを支える上でキーとなる。この銀行は，個人情報を預かり本人の同意の上事業者に提供する仕組みを有し，クライアントの情報を「預かる」と同時にタクシー運用会社に対してクライアントの信用を担保する役割も果たしており，利用料の支払いの代行機能も有している。クライアントが利用するIDは一時的なものであり，運用会社がその情報を蓄積しても個人を追跡することはできない。

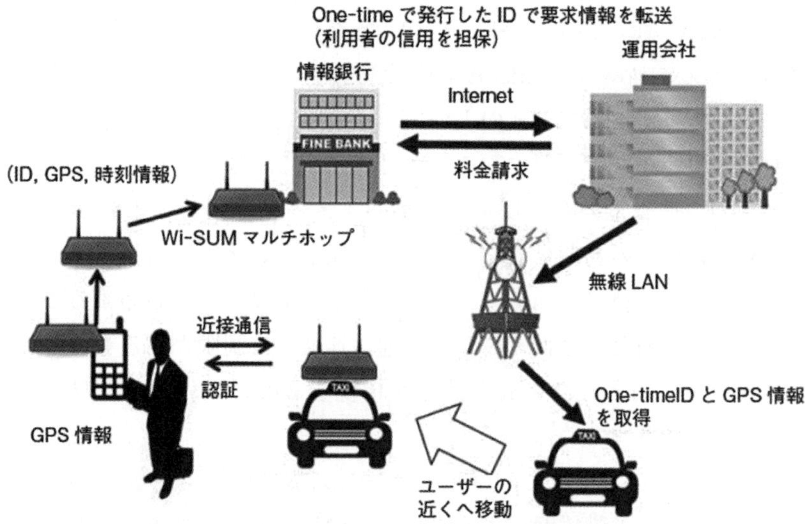

図７－３　Wi-SUNと情報銀行により個人情報を秘匿したサービスの展開

個人情報の取り扱いについては，EUおよびEU加盟国および欧州経済領域において，罰則を伴う一般データ保護規則（General Data Protection Regulation：GDPR）を策定し，2018年5月18日より厳しく監視している。「個人のデータは個人に帰属する」という原則を基盤とするこのGDPRの趣旨を理解し正しく情報管理を行うことが，現代の情報化社会では求められている。Wi-SUNアドホックネットワークは，個人情報保護という点で脆弱性を本質的に有する従来のクラウドに対して「破壊的」革新をもたらす可能性があるものであり，本節で紹介したタクシー利用にとどまらず，より厳しい情報管理が必要となる医療情報システムへの展開が期待される。

2. 実空間におけるレコメンデーション

（1）レコメンデーションと個人化推薦

日常生活で意思決定をする際に，他人からの情報を参考にすることはよくある。ネットショッピングサービスにおいても，前項で述べた口コミ機能の他に商品の推薦（レコメンデーション）機能を有するサービスもある。この推薦機能は，過去の購入履歴だけではなく，同じ趣向を持つ他のユーザの購入履歴や商品評価の情報も参照していることが多い。日常空間においても，状況に応じた目的地の紹介や目的地までの推奨される経路の提示などにおいて，このようなレコメンデーションの手法を適用することが考えられ始めている。ここで，レコメンデーションの代表的な手法について解説する

レコメンデーションの基本となる推薦アルゴリズムとして，過去の売り上げ実績をもとにベストセラーや売れている商品を紹介する手法がある。実際，売れ行きが良い本，多くの人が購入した商品が個人にとって

有用である可能性は高い。またこの手法はマスメディアを介した情報伝達との相性もよく，多くの商品やサービスについて実施されている。しかし，個人の趣味や嗜好の多様化が進む中で，単にベストセラーや売れている商品を紹介することに限界が生じたことから，ユーザ毎の嗜好に応じて異なる推薦を行う個人化推薦（personalized recommendations）が生まれた。

個人化推薦を実現する前提として，システムはユーザについて何らかの情報を持っている必要がある。取得したユーザのプロファイルをもとに推薦を行う方法の例として，アイテムそのものの情報を利用する「内容ベースフィルタリング（Content-based filtering）」，他の類似したユーザの行動をもとに推薦を行う「協調フィルタリング（Collaborative filtering）」が挙げられる。本節ではそれぞれについて順を追って説明する。

・内容ベースフィルタリング

例えば映画の推薦において，好きな映画をいくつか提示してもらい，そこから共通的な監督やジャンルを抽出したうえで，事前にデータベース化した映画情報から監督，ジャンルで検索を行いユーザに提示することができる。このように，アイテムの内容を何らかの方法で評価，分類した情報を特徴プロファイル，ユーザが好む条件やジャンルを示す情報をユーザの嗜好プロファイルとしてそれぞれ構築し，特徴プロファイルの中からユーザの嗜好プロファイルに合致したアイテムを提示する手法を一般に内容ベースフィルタリングと呼ぶ。ここで簡単な例を示す。表7－1に示す特徴プロファイルのデータベースから，ユーザに最適なマンションを推薦するシステムを想定する。

表 7－1　マンションのデータベース

マンション名	価格	最寄駅	駅からの距離	エレベータ
A	4,000 万	X 駅	200 m	有
B	5,000 万	Y 駅	1,200 m	有
C	3,000 万	Z 駅	300 m	無
D	2,000 万	Z 駅	500 m	無

ユーザに最適なマンションを推薦するためには，個々のユーザに対して，例えば以下のような嗜好プロファイル情報が必要となる。

・ユーザが希望するマンションの金額

・ユーザが希望する駅からの距離

ユーザの嗜好プロファイル情報を取得するための方法として，直接的，間接的な方法がそれぞれ存在する。直接的な方法としては，ユーザに対して「希望する最寄り駅」「希望する金額」を直接入力させる。一方間接的な方法としては，例えばユーザにいくつかのマンションを提示して 5 段階で点数を入力させ，点数の高かったマンションの中での最頻値や平均値をユーザの嗜好プロファイルとする方法である。

特徴プロファイルの内容として，上記のような情報以外に，文中のキーワードのリストなどの情報も利用可能である。Google をはじめとする多くの検索エンジンは，web ページごとに上記のような特徴ベクトルを事前に生成したうえで，ユーザから与えられたキーワードに最も近い web ページをユーザに提示（レコメンド）することを基本アイディアとしている。

・協調フィルタリング

「内容ベースフィルタリング」の場合，例えば映画のレコメンドサービスにおいて，映画の続編が発表された場合でも前作の映画の特徴プロファイルを参考にするなどして，映画が公開される前から特徴プロファイルを生成し推薦対象とすることができる。一方で，アイテムの特徴プロファイルを構成するためには手間や期間が発生し，また特徴プロファイルに含まれない性質による推薦を行うことはできないなどの弱点がある（例えばマンションの特徴プロファイルに「ペット可，不可」の情報が含まれなかった場合，ペット可のマンションを推薦することができない)。さまざまなアイテムへの評価が類似したコミュニティの中では，新たなアイテムへの評価も一致する可能性が高い。「協調フィルタリング」という手法は，あるユーザと好みが似たユーザを見つけた上でそのユーザが高く評価する情報を推薦することで，効果的な推薦が行えるという別のアプローチを可能にする。

協調フィルタリングは，前述したSNSにおける「口コミ」機能をさらにシステム化したものともいえる。協調フィルタリングにおける各ユーザの推薦情報の取得方法として，明示的なアプローチと暗黙的なアプローチの二つに分けられる。明示的なアプローチとしては，例えば飲食店の紹介をランキング付きで行う口コミサイトに見られるように，店の評価をユーザごとに入力させる方法がある。暗黙的なアプローチとしては，アイテムの説明ページの訪問回数，滞在時間などをユーザごとに追跡し，ユーザが頻繁に見たアイテムについて評価が高いとみなす方法がある。ここで，協調フィルタリングの例として，４人のユーザＰ～ＳのアイテムＡ～Ｅへのそれぞれの評価の点数(数値が高い方が評価が高い)を表７－２に示す。

図７－４にこのユーザ毎の評価値をグラフで表した。ユーザＰはアイテムＡ，Ｃ，Ｄを高く評価し，アイテムＢ，Ｅを低く評価している。一方でユーザＱはアイテムＢ，Ｅを高く評価し，アイテムＡ，Ｃ，Ｄを相

表７－２　ユーザ(P, Q, R, S)それぞれのアイテム(A, B, C, D, E)の評価値

	アイテムＡ	アイテムＢ	アイテムＣ	アイテムＤ	アイテムＥ
ユーザＰ	2.8	0.7	2.9	2.1	1.4
ユーザＱ	1.2	2.9	1.8	1.2	2.9
ユーザＲ	0.7	2.2	2.1	0.7	4.3
ユーザＳ	3.0	2.0			

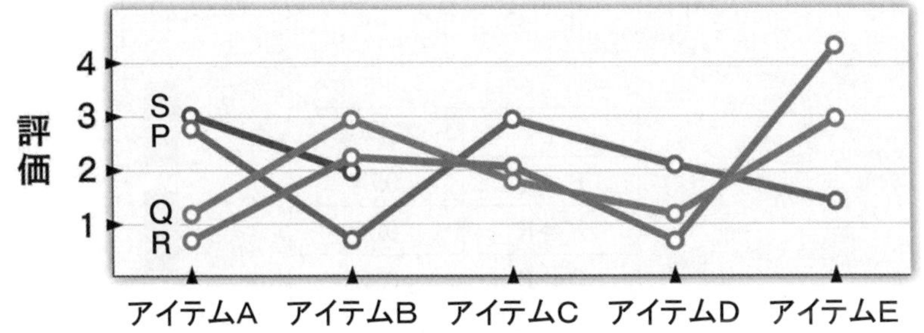

図７－４　ユーザ(P, Q, R, S)それぞれのアイテム(A, B, C, D, E)の評価値

対的に低く評価している。ここでユーザＲの評価を見ると，アイテムＡを低く，アイテムＢを高く評価するなど，ユーザＰよりもユーザＱと評価の傾向が近いことがわかる。ユーザ間の類似度を数値で表すためには，それぞれのアイテムへの評価値をベクトル化してベクトルの向きの類似度を用いて求める方法がある。式（１）はユーザＰとＱの評価の類似度を求める式で，この式で求められる類似度をコサイン類似度という。

$$\cos(\mathrm{P},\mathrm{Q}) = \frac{\mathrm{P} \cdot \mathrm{Q}}{|\mathrm{P}|\,|\mathrm{Q}|} \qquad \text{式（1）}$$

ユーザＰとＱのアイテムに対する評価値は，

Ｐ＝（2.8, 0.7, 2.9, 2.1, 1.4）

Ｑ＝（1.2, 2.9, 1.8, 1.2, 2.9）

とベクトルで表せ，２つのベクトルの，それぞれの大きさと，内積は，
|P|＝4.81, |Q|＝4.79, P・Q＝17.19
と計算できるので，ユーザＰとＱの類似度は，
cos（P,Q）=0.75
と求めることができる。

このようにしてユーザ間の類似度を求めると以下の表のようになり，実際にユーザＲの評価はユーザＰよりもユーザＱに傾向が近いことがわかる。

	類似度
P⇔Q	0.75
P⇔R	0.66
Q⇔R	0.95

ここで，ユーザＳがアイテムＡ，Ｂについて表７－２のような評価を示したとする。この場合，ユーザＳはユーザＰ，Ｑどちらと評価の傾向が近いかは，アイテムＡ，Ｂへの評価をもとに同様に類似度を算出することで計算可能である。

	類似度
P⇔S	0.94
Q⇔S	0.83
R⇔S	0.78

上記のようにユーザＳはユーザＰとの類似度が高い。このことから，ユーザＳはアイテムＤ，ＥよりもアイテムＣに高い評価を示すであろうといえるため，アイテムＣを推薦対象とすることができる。

この例題では直接各ユーザ間で類似度を計算したが，各ユーザがすべ

てのアイテムに対する評価を行っていない状況では，個々のユーザ間の類似度は計算しない。この場合，好みが類似したユーザの集合を「クラスタ」とよぶグループに分離し，各クラスタごとに各アイテムへの評価値のベクトルを作成したうえで，新しいユーザに対してその評価と最も類似度の高いクラスタがどれかを計算する方法がある。クラスタのサイズが大きすぎるとクラスタとしての評価値も平均化され好みの特徴が失われる一方で，クラスタを小さくしすぎると各アイテムに対する十分な評価値が集まらないため，クラスタサイズは適当に設定する必要がある。協調フィルタリングはアイテムそのものの性質は考慮せず，そのアイテムに対する評価のみを参考にするため，対象アイテムについての詳細な知識は必要とせず，特定のコンテンツに類似性のないアイテムについても扱いやすい。一方で，例えば同じ映画の続編などアイテム間の特徴が非常に類似している場合でも，新たなアイテムへの評価が行われない限り推薦のためのデータが集まらないため，多くのアイテムが継続して追加される場合には適用が困難となる。

(2) 行動ターゲティング広告

協調フィルタリングの応用例として，行動ターゲティング広告があげられる。協調フィルタリングでは，好みが似た集合をクラスタとして分類する。Web サイトでは，Cookie（Web ブラウザを通して web サイト訪問者のコンピュータに一時的にデータを保存させる仕組み）等を用いることで，広告のクリック履歴，クリック先サイトの滞在時等の情報をユーザに意識させずに取得可能であることを利用し，行動ターゲティング広告では web の訪問者全体を対象としてクラスタリングを行い，クラスタごとに興味，関心を持ちそうな広告を提示することで，その効果を最大限に高めることができる。行動ターゲティング広告を用いることで興味のない広告が表示されなくなる一方で，自身の嗜好や興味を暗黙のうちに分析されることから，ユーザの嫌悪感を引き起こす可能性もある。また，興味や関心が特定の個人と結び付けられることで，プライバシーの問題を引き起こすこともあり，個人情報保護との関係で議論が起きている（参考文献［3］）。

（3）移動体センシングとレコメンデーション

移動体センシングによって得られた情報はユーザの行動を反映していることから，これを前章で述べた協調フィルタリングの評価情報として用いることで，web ではなく実空間における効果的なレコメンデーションが可能となる。たとえば，ユーザの時間ごとの位置情報を事前に構築した店舗情報と組み合わせることで，あるユーザがどの店を訪問しどれぐらい長く滞在したかを推測することができる。そして，訪問先の店が似ている複数のユーザをクラスタリングすることで，ユーザに対し興

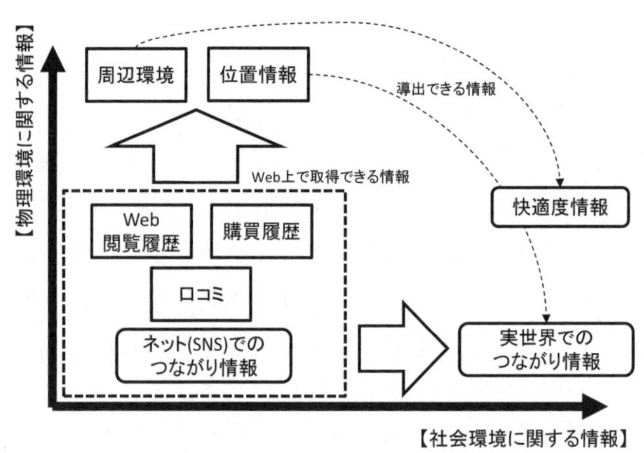

図7－5　実空間レコメンデーションで扱う情報

味を持ちそうな店を個別にレコメンドすることが可能となる。

移動体センシングにより得られるさまざまな実空間情報を利用することで，従来のweb上で行われてきた人間の行動把握やレコメンデーションの可能性が大きく広げられることを図７－５に示した。実空間の情報を用いることで，SNS上で反映されていない人と人とのつながり情報を位置情報から導出したり，個人の快・不快の情報を環境情報から導出したりといった情報間のつながりによって，人間の行動をより深く理解することができる。

さらに，デジタルサイネージやスマートフォンのように人に対して行動を直接的に誘導する手段と併用することで，従来のweb上でのレコメンデーションを実空間に拡張する新たな可能性が生まれる（表７－３）。

これを簡単な例で考えてみよう。下記のA，B，Cさんがテラス，カフェ，水辺でそれぞれSNSのチェックインを行い，あわせて自分の心拍数とその場所の気温を送信したとする。収集された情報が表７－４であったとする。このとき，A，B，Cさんが60分以内に滞在した３か所（テラス，カフェ，路上）のうち，Dさんが次にどこに行くべきかを推薦するとしよう。

Aさんは32℃のテラスでは心拍数が高かったが，気温が26℃のカフェに移動した結果心拍数が標準に戻っている。Cさんも暑い路上からカフェに移動した結果心拍数が標準に戻ってしている。つまり，AさんもCさんも暑い屋外では心拍数が高くなる傾向がある。一方でBさんはカフェよりもテラスでの心拍数が標準であり，例えばカフェの26℃という気温がBさんには冷房が少し強すぎた可能性が考えられる。

ここでDさんのテラスでの心拍数が高いことに注目すると，Aさん，Cさんと気温に対する感覚が近いと考えられる。そのためDさんに対してカフェに行って涼むことをレコメンドすることで，Dさんを満足さ

表7－3　実空間レコメンデーションの特徴

	推薦するアイテムへの誘導方法	アイテムに対する推薦情報の収集
Web 協調フィルタリング	商品，スポットなどの Web からの誘導	Web 上での主観的評価やサイト訪問履歴
実空間における行動レコメンデーション	サイネージやスマートフォンによる移動先への直接的誘導	位置情報，実空間での訪問履歴，訪問者の快適度等

表7－4　レコメンデーションに用いる情報

	60 分前			30 分前			15 分前		
	場所	心拍	気温	場所	心拍	気温	場所	心拍	気温
A	テラス	高	32	カフェ	標準	26	カフェ	標準	26
B	カフェ	高	26	カフェ	高	26	テラス	標準	32
C	路上	高	34	カフェ	標準	25	カフェ	標準	26
D	－	－	－	テラス	高	31	－	－	－

せられそうである。実空間レコメンデーションにおける協調フィルタリングはこのような手法で行われる。

移動体センシングは人間の行動理解やレコメンデーションの可能性を大きく広げる一方，取得したデータが個人情報やプライバシーと密接に関連することから，その取り扱いには細心の注意が必要となる。そのため，収集した情報から個人が特定されないようデータ処理を行う k- 匿名化といった技術の使用や収集するデータに名前や住所などの情報を含蓄させないなどの方法が使用されている。

3. サイバーフィジカルシステムの構築

（1）CPS（サイバーフィジカルシステム）

通信や個人の情報の利用方法について，いくつか見てきたが，これらのサービスがまちなかで効果的に利用されるために，それぞれの技術をCPS（Cyber Physical System）に組み込み，仮想空間での情報の運用と現実空間が連携し，相互に影響し合う状況を作り出すことが行われている。この状況は，現実空間に存在するモノに組み込みソフトウェアを設置し，仮想空間と連携することにより実現される。

（2）デジタルツイン

現実空間をそのまま仮想空間にコピーしたデータ群のことをデジタルツイン（Digital twin）を呼ぶ。このデータ群は，仮想空間に現実空間と同じ空間を作ることに用いられ，主な用途の一つには，現実空間で起こり得ることを現実空間を使わずに仮想空間でシミュレートすることがある。自動車などの開発で，3D-CAD（Computer Aided Design）を用いてコンピュータで３次元空間での設計をシミュレーションしてコストを抑えることが行われているが，これと同じことをまちでも行うことを

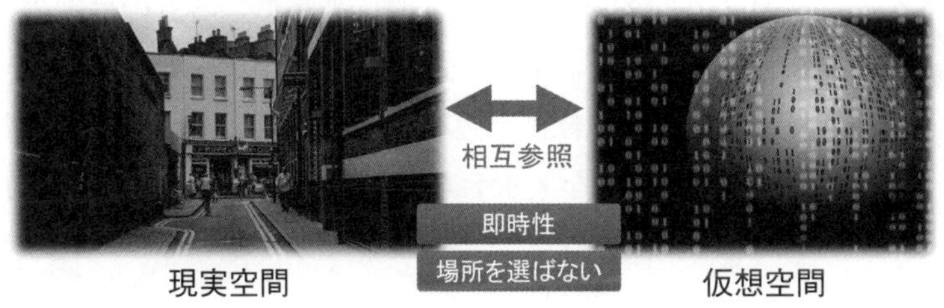

図７－６　CPS

想定した用途である。また，現実空間ではなくデジタルツインを用いて仮想空間での行動を可能にする空間を作ることで，現実空間と同様な感覚で仮想空間での行動を可能とし，それ自体が現実空間と連携することで，身体機能を拡張した形でまちでの活動を行うことも可能になる。現実空間にあるモノから現実空間で起こっていることなど，さらには現実空間から人間が感じ取る感覚の仮想空間での扱いなど，現在の汎用的な仮想空間表現技術では表現しきれない解像度や種類の異なる事象が多くあるが，そのような事象をどのように扱っていくかという部分は，デジタルツイン技術の課題である。

参考文献

［1］A. Goldsmith. Wireless communications. Cambridge：Cambridge University Press；2005

［2］Dietmar Jannach, Markus Zanker, Alexander Felfernig, Gerhard Friedrich. 情報推薦システム入門 理論と実践：共立出版；2012.

［3］総務省．行動ターゲティング広告の経済効果と利用者保護に関する調査研究報告書．2010.

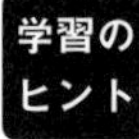

1．協調フィルタリングで効果的に推薦できるものはどのようなものであるか，考えてみよう。

2．利用者の時間や位置と連動するレコメンドサービスにおいては，どのようなアイテムのレコメンドをすると効果的か，考えてみよう。

8 まち空間とヒューマンインタフェース

横窪安奈

《目標＆ポイント》 デジタル技術の活用により，都市や地域の機能やサービスを効率化・高度化し，生活の快適性や利便性を含めた新たな価値を創出する取り組みが盛んに行われている。本章では，スマートシティと自然なインタラクションについてのあり方を論じ，ヒューマンコンピュータインタラクション・人間中心設計・ユーザビリティについて解説する。また，日常生活に密着したインタラクションの事例を各種システムの具体例を挙げて紹介する。

《キーワード》 スマートシティ，デジタル・ディバイド，ヒューマンインタフェース，ユーザビリティ，人間中心設計，HCI（ヒューマンコンピュータインタラクション），インタラクティブシステム

1. スマートシティと自然なインタラクション

（1）スマートシティの実現に向けて

IoT（Internet of Things）・ロボット・人工知能・ビッグデータを活用し，都市や地域の機能性やサービスを高度化し，生活の快適性や利便性を向上するための新たなデジタル技術の開発が進んでいる。まち空間の中でもこれらデジタル技術を産業や生活の様々な場面で活用する取り組みが進められており，経済発展と社会的課題の解決を両立していく新たな社会を示す概念である「スマートシティ」が目指すべき未来社会の姿として提唱されている。国土交通省はスマートシティを「都市の抱える諸問題に対して，ICT（情報通信技術）などの新技術を活用しつつ，

マネジメント（計画，整備，管理・運営）が行われ，全体最適化が図られる持続可能な都市または地区」と定義した（参考文献［1］）。

実際にまち空間に多様なサイズのコンピュータと多様な入出力インタフェースが配置され，ICT システムが偏在するユビキタスコンピューティングが浸透しつつある。例えば，まち空間に設置した監視カメラから収集した情報とオープンデータ化した地図情報を組み合わせることで，交通量や人流予測が可能になった（参考文献［2］）。また，携帯電話やスマートフォンの普及とともに位置情報や写真といった実世界の情報が多く共有され，情報の即時性が高まってきた。海外の事例として，エストニアやフィンランドでは，国家のデジタル化が進んでおり，電子政府による行政手続きや個人を特定するための電子 ID カード，ネットバンキングが普及している（参考文献［3］）。福祉サービスもデジタル化し，電子カルテが統一されており，国内のどこにいても診療情報の閲覧及び薬剤の処方が可能である。これにより，オンライン上で自国の行政・福祉サービスにアクセス可能であり，時・場所の制約が無くなりつつある。

（2）デジタル・ディバイド（情報格差）の解消

デジタル技術により生活の快適性や利便性が向上する一方で，インターネット接続されたコンピュータやスマートフォンを利用できる者と利用できない者との間に生じる「デジタル・ディバイド（情報格差）（参考文献［4］）が問題になりつつある。デジタル・ディバイドは，以下の三分類として議論されることが多い。

- **地域間デジタル・ディバイド**：インターネットなどの利用可能性に関する国内地域格差。過疎化している地域では，インターネット通信回線の ICT インフラが充実していない傾向があり，インフラが整っている都市部との格差が生じている。

- **個人間・集団間デジタル・ディバイド**：身体的・社会的条件（性別・年齢・学歴の有無など）の相違に伴うICTの利用格差。一部の富裕層や都市部に住む人，若年齢層ほどICTリテラシが高い傾向にある。
- **国際間デジタル・ディバイド**：インターネットなどの利用可能性に関する国際間格差。基本的なインフラが整備されていない発展途上国では，国家のデジタル化が進んでいる先進国と比べて，デジタル媒体やインターネットの普及・情報リテラシの教育・IT人材の確保といった様々な面で遅れが生じている。

特に，新型コロナウイルス感染症（COVID-19）のパンデミック（以下，コロナ禍）以降，デジタル技術の活用が急速に進んできた。日本では，コロナ禍以前は対面での働き方が主流だったのに対し，コロナ禍以降「テレワーク」を導入する企業が増えてきた（参考文献［5］）。消費行動については，インターネットショッピングやキャッシュレス決済が日常生活に浸透してきた（参考文献［6］）。このように，コロナ禍以降にまち空間のデジタル活用が進み，複数の煩雑化したシステムを高度に使いこなすことがより一層求められている。その一方で，煩雑化したシステムにより，利用者（ユーザ）となる人を混乱や疲弊させることが危惧される。また，システムを十分に熟知している人と熟知していない人との格差が広がっていくだろう。そのため，システムや機械に人が合わせるのではなく，人が中心となり混乱や疲弊させないためのシステムを設計することは，デジタル・ディバイドの解消に繋がる一手法となり得る。

(3) まち空間での自然なインタラクション

昨今，まち空間にはデジタルサイネージやキオスク端末[1)]が設置されるようになってきた。これら公共のICTシステムでは，従来の看板や掲示板のような静的な情報とは異なり，時間や場所を反映した動的な情報を提示することができる。例えば，空港のデジタルサイネージでは，到着便に合わせて表示する言語を変更する工夫がなされており，外国人が容易に時刻表を読み取ることができるようになった。このように，動的な情報により利便性が高まったものの，事前に設定された情報をシステムから一方的に与えられるため，個人のニーズに応じたシステムとは言い難い。例えば,ある利用者（ユーザ）が子供連れであると仮定すると，空港内で搭乗前に「休憩室」に寄り，子供の世話をしてから,「売店」で手土産を購入したいといったニーズがあった場合，一方向のシステムでは,「休憩室」と「売店」の場所しか検索することが出来ないだろう。「休憩室」と「売店」の数が多い場合，膨大なリストの中から情報を探し出さなければならないかもしれない。加えて，子供連れで手が離せないことから，タッチパネルで操作する端末は適切では無いかもしれない。そうなると，ユーザにとって欲しい情報を見つけるまでの負担が増大することが容易に考えられる。もし，ユーザの特性（子供連れ）やユーザのニーズ（「休憩室」と「売店」を利用したい）を入力し，その入力条件を反映して出力可能な双方向システムであれば，搭乗時間までに「休憩室」と「売店」を周回可能な経路を提示することが可能になるだろう。また，ユーザの特性である子供連れの情報を考慮し，最短時間となる経路や子供が遊べるスペースを経由する経路を提示することも考えられる。他にも，タッチパネルでの操作のみならず，音声認識などの別の入力方法への切り替えを可能にすることで利便性が高まるかもしれない。人は元来，知覚システムとして多種類の感覚（視覚・聴覚・触覚・味

1）キオスク端末とは，不特定多数の人が操作可能なインタフェースを通じて，必要な情報にアクセスし，多様なサービスが利用可能となるシステムである。

覚・嗅覚など）を有している（参考文献［7］）ため，それぞれの知覚システムを生かした入出力装置にすることで，情報格差を生まないシステムになり得る可能性がある。デジタル技術を利用したまちづくりには，アナログならではのまちづくりについての理解も必要不可欠であろう。アナログの自然なインタラクション及びコミュニティの形成については，第10章を参考にされたい。

以上から，まち空間のICTシステムが目指すべき姿として，ユーザの特性を考慮し，生活に密着した多様な要求を受け付ける双方向システムの実現が求められている。

2. まち空間におけるインタラクション

(1) ヒューマンコンピュータインタラクション

コンピュータや通信機能が組み込まれた機器（以下，デバイス）や道具を，人にとってより自然な情報提示・操作手法を用いる学問の一つとして，「HCI（ヒューマンコンピュータインタラクション）（参考文献［8］）」が挙げられる。HCIは，人とコンピュータのインタラクション（相互作用・対話・影響・やりとりなど）のことである。コンピュータやデバイス・道具のみならず，コンピュータを介した人と人とを対象にすることもある。このような研究分野はHCIの他にも，「人間工学」などがある。人間工学は，人が疲労すること無く，自然な動きや姿勢で機械や道具を使うようにすることが主目的である。

HCIはコンピュータが実用化され，技術の進歩によって安価かつ高性能，デバイスの小型化により，一般の人でも使えるコンピュータの操作手法を模索したのが研究分野の起点である。昨今では，コンピュータが道具や環境に組み込むことが可能になるまでの性能を有しているため，人にとってより使いやすく，革新的なインタラクション手法の実現が求められている。このような人とコンピュータの対話型となる「インタラクティブシステム」の開発・研究が盛んに行われている。

(2) 人間中心設計とユーザビリティ

インタラクティブシステムを設計・開発するにあたり，ユーザに焦点を当て，より使いやすく満足可能にするためのアプローチの一つとして「人間中心設計（HCD／Human Centered Design（参考文献［9］)」が挙げられる。HCDの国際規格ISO9241-210の基本プロセスを図8－1に示す。HCDのプロセスを実施するデザイナーやそのチームは，製品の構想段階から対象ユーザとその要求を明確にし，要求に合わせて設計し，満足度合いを評価していく。このプロセスは，対象ユーザの要求が

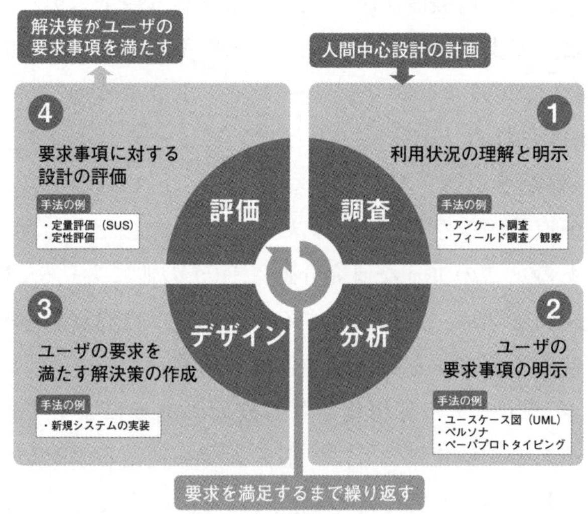

図8－1　ISO9241-210によるHCDプロセス

満たされるまで繰り返す。

また，システムの利用者（ユーザ）にとっての使いやすさや有用性については「ユーザビリティ」と呼ばれている。ユーザビリティの国際規格 ISO 9241-11 では，ユーザビリティは「ある製品が，指定されたユーザによって，指定された使用状況下で，指定された目的を達成するために用いられる際の有効さ，効率，利用者の満足の度合い」と定義されている。また，ユーザビリティ研究の第一人者であるヤコブ・ニールセン（参考文献［10］）は，インタフェースのユーザビリティは「学習のしやすさ」・「効率性」・「記憶のしやすさ」・「エラー」・「主観的満足度」の5つのユーザビリティ特性により構成されると提唱している。

（3）ユーザビリティの評価

ユーザビリティの評価には，定性評価であるアンケート調査・フィールド調査・観察など，定量評価には所定のタスクに対するユーザのパフォーマンスの測定（タスク達成回数・成功率・エラー数）や SUS（System Usability Scale）（参考文献［11］）が有用である。SUS は，まだ世に出ていない新規システムを評価する場合に有用であり，多くの研究者が用いているため，本節では SUS について詳細に説明する。SUS では，以下 10 項目の質問に対し，1（非常に同意しない）から 5（非常に同意する）までの5段階評価の尺度を用いて，ユーザからの回答を得る方法である。

① 提案システムを頻繁に使用したい

② 提案システムは不必要に煩雑である

③ 提案システムは使いやすい

④ 提案システムの使用には技術者の支援が必要である

⑤ 様々な機能が上手に統合されている

⑥ 提案システムには一貫性がない

⑦ 多くの人が使用方法を簡単に学べる
⑧ 提案システムは使いにくい
⑨ 自信を持って提案システムを使用できた
⑩ 使用前に多くを学ぶ必要があった

表8－1 SUS スコアの平均値及び平均値に対応する判定例

判定	SUSスコアの平均値（点）
想像できる限り，最悪のシステム（Worst Imaginable）	12.5
最悪なシステム（Awful）	20.3
貧弱なシステム（Poor）	35.7
良くも悪くもない，まずまずのシステム（OK）	50.9
良いシステム（Good）	71.4
素晴らしいシステム（Excellent）	85.5
想像できる限り，最良のシステム(Best Imaginable)	90.9

質問紙で得られた数値から，次の手順でSUS スコア（ユーザビリティスコア）を算出する。まず 奇数番号の回答の点数から1を引いた値をそれぞれ算出する。偶数番号の回答は，回答の点数をそれぞれ u とすると（5-u）した値をそれぞれ算出する。次に①から⑩までの点数調整した回答の値の総和に2.5を掛けることでSUS スコアが算出される。なお，SUS スコアは0～100 までの値となる。SUS スコアの平均値及び平均値に対応する判定例（参考文献［12］）を表8－1に示す。

評価対象となるシステムのユーザビリティが高いと判定するには「良いシステム（Good）」である71.4 点以上のスコアが必要である。71.4 点未満のスコアの場合は，システムが好意的に受け入れられていないと判定できる。

3. まち空間におけるインタラクションの種類

（1）バーコードと2次元コードによるインタラクション

まち空間にはバーコードや2次元コード[2)]を活用したシステムが数多く存在する。バーコードや2次元コードを紙に印字・貼付し，各種デバイスに表示することで，紙やデバイスに情報が付加される。これにより，人と紙や人とデバイス間でのインタラクションが可能になる。

バーコードの情報量は，通常10～20バイト程度であり，日本で用いられるバーコードは数字で標準13桁，短縮8桁である。一方，2次元コードの情報量は1キロバイト以上であり，英数字なら約2000字，数字なら約3000桁以上の情報を保持することが可能である。

まち空間での利用例として，バーコードは，商品のパッケージに印字することで，レジでの商品判別や販売時点の情報管理が挙げられる。2次元コードは，バス・電車・飛行機などの乗車管理や処方箋の薬剤情報

図8－2　2次元コードの活用事例（筆者撮影）

2）2次元コードとは，横方向にしか情報を持たないバーコードに対し，水平方向と垂直方法に情報を持つ表示方式のコードである。黒色と白色の小さな矩形を碁盤の目のような形に組み合わせる形で表現されている。デンソーウェーブが開発した「QRコード」もその一つである。

の入力，電子決済手段として利用されている。図8－2は，空港内の搭乗口の様子であり，紙に印字された2次元コード，もしくはスマートフォンに表示した2次元コードを改札機のカメラで読み取ることで搭乗管理が可能になる。

（2）RFIDによるインタラクション

電磁波を利用した物体の識別技術であるRFID（Radio Frequency IDentification）もまち空間のICTシステムに利用されている。微小なコンピュータチップとアンテナで構成されたRFIDタグを物体に埋め込み，RFIDタグを読み込むためのRFIDリーダと組み合わせることで，人と物とのインタラクションが可能になる。RFIDタグは小型で安価かつ無電源であるため大小様々な物体に埋め込める利点がある。

まち空間での利用例として，電車の改札が挙げられる。電車の乗降時に，ICカードもしくはデバイスに内蔵されたRFIDタグを使うことで，スムーズな移動が可能になる。電車の改札機には電磁波を送信するRFIDリーダ，ICカードに無電源のRFIDタグが付いている（図8－3）。

図8－3　電車の改札機とICカード（筆者撮影）

他にも，店舗で利用されているレジにRFIDが活用された事例がある。衣料品店であるユニクロ社のレジスペース（参考文献［13］）では，レジ側にRFIDリーダ，服についた商品タグにRFIDタグが内蔵されている。客はレジのカゴ内に服を入れるだけで，タグの情報を読み取り，どの商品を購入したかを自動で識別可能である。これにより，レジが無人であっても，客は商品を購入することができる。

（3）位置情報によるインタラクション

2000年代初頭からスマートフォンが台頭したことで，位置情報の即時利用が可能になった。位置情報を用いたインタラクティブシステムで頻用されるGPS（Global Positioning System）は，人工衛星（GPS衛星）から発せられた電波を受信し，現在位置を特定する技術である。このGPSを用いて人や物の位置情報を利用したサービスがまち空間で実用化されている。例えば，グーグル社が提供しているGoogle Map（参考文献［14，15］）が挙げられる。Google Mapで提供される地図とユーザの現在位置の情報により，リアルタイムの交通情報やバスや電車などの公共交通機関の情報，経路情報を提示することが可能である。

また，カメラを用いることで，GPSよりも高精度な位置情報が取得可能なVPS（Visual Positioning System）が利用されている。VPSはカメラの映像を事前に同じ地点で撮影した画像と照らし合わせることで位置を算出する技術である。VPSを用いることで，道案内のための矢印をカメラ映像に重畳表示するなど，高精度な位置情報を利用した実空間とのインタラクションが可能になる。

（4）カメラによるインタラクション

まち空間では，カメラを活用したシステムも数多く利用されている。

カメラで撮影した映像をコンピュータ処理することで，情報をシステムに入力することが可能となる。取得可能な情報は人の顔，推定年齢，姿勢，体温など多岐に渡る（参考文献［16］）。カメラでは各種情報を非接触で取得できるという利点がある。しかしながら，画像からの情報取得に失敗するという欠点があるため，失敗を考慮してシステムを設計する必要がある。

まち空間での利用例として，実店舗での利用が挙げられる。アマゾン社の Amazon Go（参考文献［17］）では，実店舗に配置した複数のカメラとセンサの情報を組み合わせることで，顧客の行動を認識，追跡する。その情報をもとに退店時に自動で会計を行うことで，レジにおける会計をなくし，実店舗でのやりとりを簡略化して利便性を向上している。また，コロナ禍以降，多くの実店舗で入店時の体温確認用のカメラが導入されている（参考文献［18］）。カメラで顔を検出し，赤外線カメラを用いて顔の位置の温度を計測することで，非接触で体温を計測することができる。これにより，店舗スタッフが検温する手間と時間を削減することができ，客は滞りなく入店することができる。

参考文献

［1］国土交通省都市局．スマートシティの実現に向けて，https://www.mlit.go.jp/common/001249774.pdf，2018.（最終アクセス日：2022/10/27）

［2］Yu Zheng et al., Urban Computing: Concepts, Methodologies, and Applications, In ACM Transactions on Intelligent Systems and Technology, Vol. 5, No. 3. 2014；pp.38:1-38:55

［3］中西泰人．実世界インタフェースの新たな展開：1. アーキテクチャとインタラクションデザイン．情報処理 Vol.51 No.7. 2010；pp.759-766

[4] 総務省．平成23年版情報通信白書．https://www.soumu.go.jp/johotsusintokei/whitepaper/ja/h23/pdf/n2020000.pdf, 2011.（最終アクセス日：2022/10/27）
[5] 総務省．令和3年通信利用動向調査の結果，p.5，https://www.soumu.go.jp/johotsusintokei/statistics/data/220527_1.pdf，2022.（最終アクセス日：2022/10/27）
[6] 総務省．令和3年情報通信白書，https://www.soumu.go.jp/johotsusintokei/whitepaper/ja/r03/pdf/01honpen.pdf，2021.（最終アクセス日：2022/10/27）
[7] ドナルド・A・ノーマン（著），安村通晃（訳）．未来のモノのデザイン．新曜社；2008.
[8] 椎尾一郎．ヒューマンコンピュータインタラクション入門．サイエンス社；2010.
[9] Mike Cooley. Human-centred systems, Chapter 10 Designing Human-centred Technology. 1989.
[10] ヤコブ・ニールセン（著），篠原稔和（訳）．ユーザビリティエンジニアリング言論．東京電機大学出版局；2002.
[11] Brooke, J., SUS: A Quick and Dirty Usability Scale, In Usability Evaluation in Industry. 1996；pp.189-194
[12] Bangor, A., Kortum, P. and Miller, J., Determining. What Individual SUS Scores Mean, In Journal of Usability Studies, Vol.4, No.3, 2009；pp.114-123
[13] ファーストリテイリング社．2018年8月期期末決算　サプライチェーン改革について．p9, https://www.fastretailing.com/jp/ir/library/pdf/20181011_jimbo.pdf，2018.（最終アクセス日：2022/10/27）
[14] グーグル社．Google Map, https://www.google.co.jp/intl/ja/maps/about/（最終アクセス日：2022/10/27）
[15] グーグル社．Use Live View on Google Maps, https://support. google.com/maps/answer/9332056（最終アクセス日：2022/10/27）
[16] Richard Szeliski（著），玉木徹他（訳）．コンピュータビジョン―アルゴリズムと応用―．共立出版；2013.
[17] アマゾン社．Amazon Go，http://amazon.com/go（最終アクセス日：2022/10/27）
[18] 木股雅章．特別WEBコラム「新型コロナウイルス禍に学ぶ応用物理」非接触

体温計測，p1-3, https://www.jsap.or.jp/docs/columns-covid19/covid19_3-1.pdf, 2020.（最終アクセス日：2022/10/27）

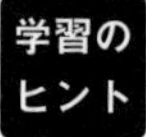

1．まち空間におけるインタフェースについて，身近な事例にはどのようなものがあるだろうか，考えてみよう。

2．1で取り上げた身近な事例について，そのインタフェースが採用された理由を，利用者（ユーザ）の利点と欠点の観点から考えてみよう。

3．まち空間において，ユーザの特性を考慮し，生活に密着した多様な要求を受け付けるシステムはどのようなものになるか，考えてみよう。

9　まち空間と次世代ヒューマンインタフェース

横窪安奈

《目標＆ポイント》 本章では，実世界と仮想世界を融合したまち空間や仮想世界内に構築したまち空間など，ソーシャルシティにおける次世代インタフェースの活用についての事例を紹介する。次世代インタフェースの中でも，ソーシャルシティで活用可能な入出力インタフェースの体系について論じ，これらの体系に基づいて先行研究を紹介する。
《キーワード》 次世代インタフェース，VR，AR，仮想現実，拡張現実，メタバース

1．次世代インタフェースを活用したソーシャルシティ

（1）物理的な制約を超越したまち空間の実現に向けて

昨今，3DCG（3次元コンピュータグラフィックス）やVR（Virtual Reality／仮想現実）・AR（Augmented Reality／拡張現実）などの次世代インタフェースの台頭により，実世界と仮想世界を複合・拡張したまち空間や実世界と完全に切り離し，仮想世界内に構築したデジタルなまち空間を創出する取り組みが進んでいる。本章では，3DCGやVR／ARなどの次世代インタフェースを活用したソーシャルシティについて詳しく論じる。

次世代インタフェースを活用したソーシャルシティでは，実世界のまち空間では不可能な様々なことができる。例えば，観光するために，実世界のまち空間では現地に赴く必要があるが，VRで実現した次世代ソーシャルシティでは，ディスプレイを介して世界中どこからでも瞬時に

好きな場所に赴くことができる。実世界のように自分の身を移動させる必要が無いため，交通費や移動時間を考慮する必要がない。また，仮想世界での自分の姿（アバター）は，性別・人種を超えて好きなように選択でき，人以外の動物やキャラクターの姿を用いても構わない。次世代インタフェースを活用したソーシャルシティでは，時や場所などの物理的な制約が無く，多様な人が多様な方法でコミュニケーション可能となるまち空間の実現が期待されている。

（2）次世代インタフェースにおける自然なインタラクション

実世界のまち空間での生活と同様，もしくはより豊かな体験となる次世代インタフェースを活用したソーシャルシティでのインタラクションについて論じる。

第一に，実世界の動作が仮想世界の中にいても，同一の動作として認識できることである。例えば，ソーシャルシティの中で物を掴む時に，実世界の自分が手を伸ばして物を掴む動作をすると，ソーシャルシティ内の自分の手も同一の動作をしているように反映される。これにより，ソーシャルシティに自分の身を置いているように感じることができ，没入感のある自然なインタラクションを実現できる。

第二に，実世界では実現不可能なことが仮想世界の中では実現可能になることである。例えば，ソーシャルシティの中にある体育館で，バスケットボールをしている状況を想定しよう。プレイヤーはバスケットボールの初心者であり，高度な技能が要求されるスリーポイントフィールドゴール（通称，スリーポイントシュート）に挑戦した場合，実世界であれば失敗する可能性が極めて高い。しかし，仮想世界であれば，プレイヤーの視線や腕の動きから，スリーポイントフィールドゴールをすることを推測し，手から放たれたボールの軌跡を修正して，ゴールに入れることができる。他にも，実世界で花を生けるために茎を切り過ぎた場合，茎の長さを元の長さに戻すことが出来ないが，仮想世界であれば，切り過ぎた花の茎を元の長さに戻すことができる。それだけではなく，元の茎の長さより更に長くすることも可能である。このように，実世界では失敗する可能性が高い取り組みであっても，ソーシャルシティの中であれば，人の意図を汲み取った結果を返すことができるだろう。これにより，ソーシャルシティならではの豊かな体験が可能となるインタラクションを実現できる。

ソーシャルシティに自分の身を置き，その環境で自然な生活を送るためには，あらゆる人の感覚（視覚・聴覚・触覚・嗅覚・味覚など）と操作（指・手・足・眼・頭・胴体など）を仮想世界でも自然な形で感じ，使えるようにする必要がある（参考文献［1］）。そのためには，人の身体動作などの物理的状態や脳波などの生理的状態を入力情報とした入力インタフェースと，入力情報に応じて人の感覚器官に適切に提示するための出力インタフェースの双方を有する次世代インタフェースが必要不可欠である。

ソーシャルシティを実現するために有用な技術としてVRやARが挙げられる。VRは，コンピュータが作り出した仮想世界に入り込んだかのような没入感を人に提示する手法である（参考文献［1，2］）。日本語の「仮想」という言葉は，「偽物の」「仮想の」「虚構の」などの意味合いが強いが，英語の「バーチャル（Virtual)」には，みかけや形は実物そのものでは無いが，実質的に本物であるという意味がある。そのため，VRでは，人への感覚刺激を人工的な刺激物に置き換えて，人にとっての現実を作り出すことを目指している。VRで実現した次世代ソーシャルシティに身を置くためには，実世界を見る人の視界を遮断し，人の視野をリアリティのある仮想映像を覆うことで実現できる（参考文献

［2］)。

ARは，実世界の体験を拡張するために，コンピュータが作り出した仮想コンテンツを実世界上に直接置いて人に提示する手法である（参考文献［4］)。ARで実現したソーシャルシティに身を置くためには，実世界の映像と仮想世界の映像を重畳可能な視覚ディスプレイを用いて実現できる（参考文献［5］)。VR及びARシステムの出力デバイスは頭部装着型ディスプレイのHead Mounted Display（以下，HMD)，入力デバイスはHMDに搭載されたカメラや手に把持するコントローラなどを使用することが多い。

2．VR／ARを活用したソーシャルシティの事例

(1) VRで実現したソーシャルシティ

VRで実現したソーシャルシティの事例として，バーチャル渋谷［(参考文献［6］）やバーチャルヘルシンキ（参考文献［7］）などが挙げられる。バーチャル渋谷は，渋谷駅周辺の建物や道を模倣したデジタルな

図9－1　バーチャル渋谷（バーチャル渋谷公式HP（参考文献［6］）より引用）

まち空間であり，渋谷区のブランディング活動の一環として定期的にスポーツ観戦・音楽ライブ・展示会などが開催されている。バーチャルヘルシンキでは，ヘルシンキ大聖堂周辺のまち空間やロナ島の自然環境が仮想空間内に模倣されており，観光客誘致活動の一環として利用されている。昨今では，これらの事例のように，仮想世界に構築されたまち空間を「メタバース」と呼称することもある。いずれも HMD とコントローラを装備することでソーシャルシティに身を置くことができる。

コロナ禍以降，実世界では対面でのコミュニケーションが制限されていたが，仮想空間であれば，非接触で人とのコミュニケーションが可能になる。また，実世界を仮想空間内に模倣することで，仮想空間に馴染みが無い人でも次世代インタフェースを活用したソーシャルシティに参入する障壁が低くなる利点もある。

（2）AR で実現したソーシャルシティ

AR で実現したソーシャルシティの事例として，ナイアンティック社製のポケモン GO（参考文献［8］）などが挙げられる。ポケモン GO は，仮想世界に構築したポケモンの世界とスマートフォンから取得した位置情報が連動するゲームである。プレイヤーが実世界の道を歩くことで，仮想世界の道と連動し，場所に応じたゲームコンテンツが提供されている。例えば，海の近くでは水に関連したキャラクターが出現するなど，特定の地域にしか出現しないキャラクターが存在する。また，実世界のランドマークとなる場所に，複数人で戦うことを前提とした仕組みを用意することで，同じ場所に人が集まり，コミュニケーションを促している（参考文献［9］）。また，特定の場所でイベントを実施することで，遠方に住んでいる人がその場所に訪れるようになり，その付近の飲食店が賑わうなど地域の活性化にも繋がっている。

図９－２　鳥取砂丘にてポケモン GO をする観光客らの様子（参考文献［9］より引用）

このように，AR で実現したソーシャルシティでは，実世界の人を物理的に移動させることが可能になり，観光誘致や人流操作への活用が期待できる。

3. ソーシャルシティにおける入出力インタフェース

（1）入出力インタフェース

人とシステムがインタラクションする時に，人とシステムとが接する部分が入出力インタフェースである。入力インタフェースは，人の行動や状態を検出・計測し，それらの情報をシステムに伝えるものである。システムはこの情報を処理し，人に提示する情報を生成する。出力インタフェースは，生成した情報を人に対して提示するものである。入力，処理，出力のループが適切に回ることで，データによって作り上げられた仮想世界に入り込んだ感覚をユーザに与えることができる。ここでは，VRのインタフェースの体系（参考文献［1］）に基づいて，ソーシャルシティにおける入出力インタフェースの体系について論じる。

(1)－1　入力インタフェースの体系

次世代インタフェースを活用したソーシャルシティの入力インタフェースは，計測可能な人の特性を物理的特性・生理的特性・心理的特性の3つの観点から分類する。

●物理的特性

物理的特性で計測する情報は，人の運動や身体形状である。コンピュータやタブレットでは2次元情報を計測することが多いが，次世代インタフェースを活用したソーシャルシティでは人の運動などの3次元情報を計測するため，より自然な入力ができる。

●生理的特性

生理的特性で計測する情報は，生体電気信号などの生理指標である。例えば，心電図，精神性発汗，筋電図，脳活動などが挙げられる。生理指標は心理的な状態により変化するため，心理状態を推定する時にも利用される。また，筋肉の活動を計測することで，実際に運動が起こる前から，人の活動を記録することもできる。

●心理的特性

心理的特性では，脳波などの脳活動を直接計測する。これにより，人の精神的な状態，知覚や行動の想起を含めた心理状態を推定する。BMI（Brain Machine Interface）ではNIRS（光トポグラフィ技術）[1]などに

1）NIRS（光トポグラフィ技術）とは，微弱な近赤外光用いて，脳や筋肉の血中のヘモグロビンの濃度の変化を測定し，脳活動の活動変化を可視化する技術である。これにより，脳の変化や運動に伴う各筋肉の状態変化（疲労度など）を非侵襲で計測可能である。

より，人の意図を推定してシステムに伝えることができる。

入力インタフェース
- 物理的状態：運動，身体形状
- 生理的状態：心電図，精神性発汗，筋電図，脳活動
- 心理的状態：脳活動

図９－３　入力インタフェースの体系（参考文献［1］より引用し改変）

(1)－２　出力インタフェースの体系

次世代インタフェースを活用したソーシャルシティの出力インタフェースは，人の知覚システムに基づいて分類する。人の知覚システムは視覚・聴覚・体性感覚・嗅覚・味覚・前庭感覚に分類され，各感覚に対応した出力インタフェースが存在する。また，感覚器官を通さずに直接神経系に刺激を与える提示方式も存在する。

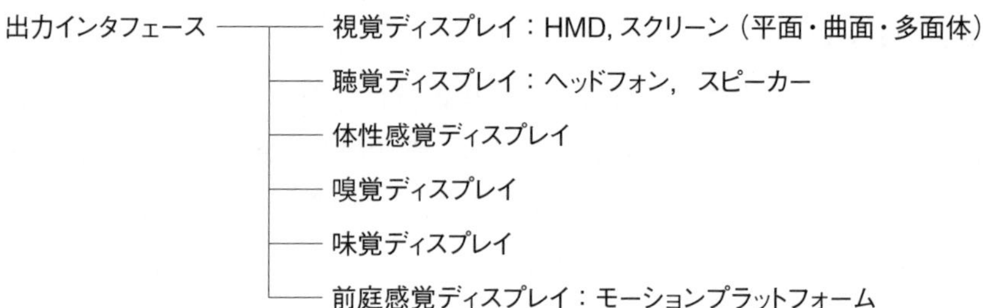

図９－４　出力インタフェースの体系（参考文献［1］より引用し改変）

（２）入力インタフェース

入力インタフェースは，人の頭，手，眼の位置姿勢，表情などの人の運動や身体形状の情報をカメラやセンサを用いてシステムに入力する。これらの情報を入力すると，ユーザに提示する映像の生成をはじめ，実

世界のユーザの動きと仮想世界内で提示するアバターの動きが同期することで，人にとって自然な操作が可能になる。また，位置を取得するには，超音波センサ，磁気センサ，フォトダイオード，距離センサ，カメラなどが用いられる。姿勢を計測するには，ジャイロスコープ，加速度センサ，カメラなどが用いられる。

身体や顔の情報により，次世代インタフェースを活用したソーシャルシティ内で表示している自分のアバターを実世界の自分の動きや表情が連動して動かすことが可能である。ユーザの身体の動きをリアルタイムで反映することで，実世界と同じように，自分の向いている方向や手で示している方向を相手に伝達可能である。これにより，ソーシャルシティ内でもスムーズなコミュニケーションができる。

手の情報により，指や手を使った入力が可能である。例えば，仮想世界に設置された仮想ボタンの位置に指を当てると，ボタンを押下できる。また，手の開閉や把持などの特定のポーズを認識し，ジェスチャによる入力も可能である。例えば，両手で四角を作るようなポーズを作ることで，仮想世界内でスクリーンショットを撮影するなどの利用方法がある。

眼の情報により，視線を利用したボタン操作や興味の解析が可能である。例えば，ディスプレイの表示領域に収まりきらない文章を上から下へと読む際，視線が表示領域の下部まで到達したことを判定し，ページ送りをして文章の続きを表示できる。また，任意のボタンを長時間見つめることで，ボタンを押下するなどの操作が可能である。また，視線を向けている位置やコンテンツを解析し，ユーザの嗜好の調査方法としても活用できる。

（3）出力インタフェース

●視覚の出力インタフェース

視覚の出力インタフェースは視覚を通して仮想世界の奥行きや広がり，物体の色や形や質感などを映像で伝える。このインタフェースにより，ユーザに視覚的に仮想世界にいるかのような感覚を与えることができる。人体に密着させて刺激を提示するデバイスとして，HMD が主流である。左右の眼に対応したディスプレイに視差のある映像を提示することで，ユーザに立体視による奥行きを感じさせる。また，ユーザの頭の動きに合わせて表示する映像の視点を動かすことで，仮想世界を動くことによる没入感や奥行き感，物体の質感を感じることができる。

●聴覚の出力インタフェース

聴覚の出力インタフェースは，聴覚を通して仮想世界に配置された音源の位置や方向を音声で伝える。このインタフェースにより，ユーザの聴覚を刺激し，仮想世界にいるかのような感覚を与えることができる。

例えば，仮想世界で後ろから話しかけられた際，相手が見えなくても位置を特定し，話しかけた人との距離感を掴むことができる。また，室内の反響を再現することで，仮想世界の部屋の広さを感じることもできる。人体に密着させて刺激を提示するデバイスには，ヘッドフォンやイヤホンが用いられる。両耳における音量差や両耳に達する音の時間差，耳や頭部，肩などによる音の変化を表す頭部伝達関数などを用いて，仮想物体の発する音を再現し，ユーザに音源の位置や方向を感じさせる。

●体性感覚の出力インタフェース

体性感覚のインタフェースは，仮想物体に触った時の感触や硬さ，温度などを伝える。このインタフェースにより，仮想物体がそこに実在す

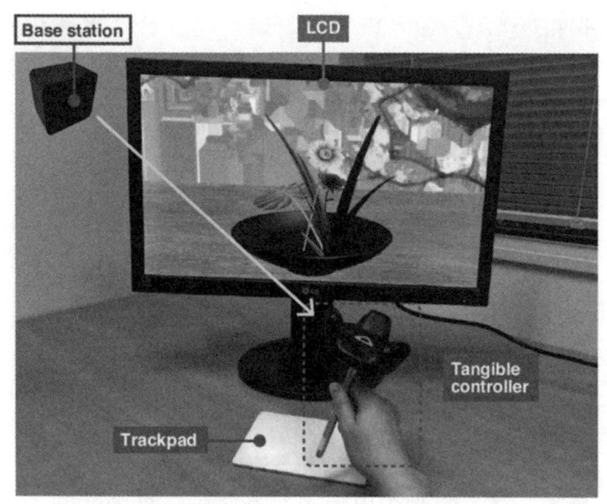

図９－５　視覚と体性感覚の出力インタフェースの一例：デジタルいけばな練習システム（口絵－１参照）

る感覚を与えることができる。

例えば，仮想世界内に表示されたボールを手で握った時に，ボールの反力から大きさや材質を知ることができる。体性感覚を提示するインタフェースは提示したい感覚に対応した様々な提示方法が存在する。例えば，力覚を提示するデバイスには，人の体に装着して指先などに力を提示する装着型や，机などに固定された機器に装着されたペンなどを握って利用する把持型などが存在する。

筆者は仮想世界の花と剣山を触知可能となるために，花軸を模した花軸型のデバイスと剣山を模した剣山デバイス（トラックパッド）を活用したデジタルいけばな練習システムを提案した（参考文献［10］）。本システムでは，仮想世界に表示された花と剣山を，実世界で触知可能な花軸デバイスと剣山デバイスに見立てていけばな練習を行うことが可能である（図９－５）。

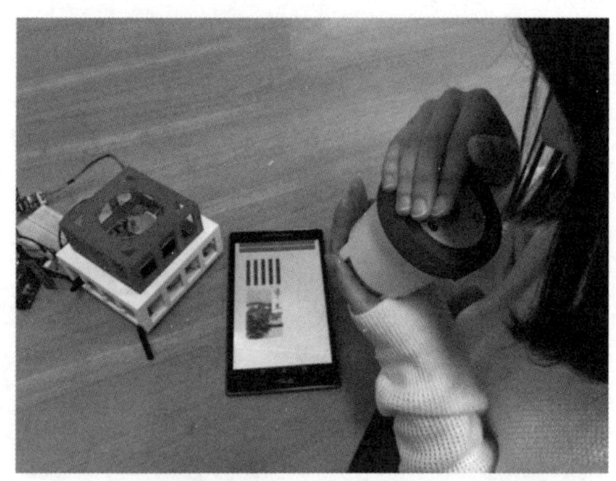

図９－６　嗅覚の出力インタフェースの一例：
香道体験システム（口絵－２参照）

●嗅覚の出力インタフェース

嗅覚の出力インタフェースは，仮想世界内の香りや匂いを伝える。嗅覚インタフェースでは，香り付きの空気を発生させ，その空気を鼻の嗅覚器へと供給することで香りを提示する。嗅覚においては，視覚における色の三原色に相当するようなブレンドすることで任意の香りを再現する仕組みが見つかっていない。そのため，香りを提示する嗅覚ディスプレイに事前に必要な香りを用意しておき，これを切り替えて提示することが多い。

筆者は実世界の香道を模した香道体験システムとして，既存のアロマディフューザを用いて，香りの自動選択が可能となる嗅覚ディスプレイを提案した（参考文献［11］）。本システムでは，香りの自動選択が可能となる嗅覚ディスプレイにより実世界の香道を模した香道体験が可能である（図９－６）。

●味覚の出力インタフェース

味覚の出力インタフェースは，実世界の物体や仮想世界内の物体の味を伝える。味覚インタフェースでは，味を合成し，舌にその物質を接触させることで味を提示する。これにより，実世界には遠隔地にいる場合でも同じ味を味わうことができる。甘味，酸味，塩味，苦味，旨味の基本味の比率を変えて組み合わせることで，様々な味を提示することができる。また，舌に電気刺激を与えることで，味覚を提示するインタフェースの研究（参考文献［12］）が行われている。

●前庭感覚の出力インタフェース

前庭感覚の出力インタフェースは，体が移動している感覚や傾いている感覚を伝える。前庭感覚インタフェースは，身体全体を実際に動かすことで，前庭感覚に刺激を提示する。車や飛行機などに乗った時の感覚は，動きや傾きを制御できる台座である「モーションプラットフォーム」を用いて提示可能である。また，前庭感覚器官が位置する耳の周りに電気刺激を与えることで，体が傾いている感覚を提示するインタフェースの研究（参考文献［13］）が行われている。

参考文献

［1］舘暲ら．バーチャルリアリティ学．コロナ社；2011.
［2］椎尾一郎．ヒューマンコンピュータインタラクション入門．サイエンス社；2010.
［3］Ivan E. Sutherland. A head-mounted there dimensional display. In Proceedings of AFIPS 68.　1968；pp. 757-764.
［4］Paul Milgram et al., Augmented reality, In SPIE Vol. 2351. Telemanipulator

and Telepresence Technologies. 1995；pp.282-292.
［5］Dieter Schmalstieg et al.（著），池田聖他（訳）．ARの教科書．マイナビ出版；2018.
［6］渋谷5Gエンターテイメントプロジェクト．バーチャル渋谷．https://vcity.au5g.jp/shibuya（最終アクセス日：2022/7/9）
［7］Zoan. Virtual Helsinki. https://virtualhelsinki.fi/（最終アクセス日：2022/10/27）
［8］Niantic社．ポケモンGO．https://www.pokemongo.jp/（最終アクセス日：2022/10/27）
［9］毎日新聞．ポケモンGO　鳥取砂丘，1万5000人埋め尽くす．https://mainichi.jp/graphs/20171124/hpj/00m/040/004000g/1（最終アクセス日：2022/10/27）
［10］横窪安奈ら．TracKenzan: トラックパッドとタッチペンを用いたいけばな練習システムの提案と評価．情報処理学会論文誌 Vol.60 No.11, 2019；pp.2006-2018.
［11］Anna Yokokubo et al., eGenjiko: Scent Matching Game using a Computer-Controlled Censer. In CHI PLAY '19 EA, 2019；pp. 789-795.
［12］Kazuma Aoyama et al., Galvanic Tongue Stimulation Inhibits Five Basic Tastes Induced by Aqueous Electrolyte Solutions. In Frontiers in Psychology Vol.8. 2017；pp.1-7.
［13］前田太郎ら．前庭感覚電気刺激を用いた感覚の提示．バイオメカニズム学会誌　Vol.31 No.2, 2007；pp.82-89.

1．次世代インタフェースを活用したソーシャルシティで生活するとしたら，どのような体験や機能が望まれるか，具体例を挙げて考えてみよう。
2．1で考案した体験や機能を実現するためには，どのような入出力インタフェースを利用することができるか，考えてみよう。

10 「農」を取り入れた新たな都市生活の潮流－海外編
欧米の歴史と近年の動向

新保　奈穂美

《目標＆ポイント》 都市において，VR，AR といった最先端技術を活用し，新たなコミュニティができる可能性がある一方，近年「農」を通じたアナログなコミュニティにも注目が集まっている。その経緯を，欧米における歴史的文脈をたどりながら理解する。特に，「農」のコミュニケーションツールとしての役割に着目し，地域に住むさまざまな人の居場所となっている欧米のコミュニティガーデンなどの事例を取り上げながら，新しい都市生活のあり方について考える。

《キーワード》 アーバンガーデニング（都市の農），コミュニティガーデン，近代都市，社会的包摂，コミュニケーションツール，持続的な運営

1．欧米都市における都市型農園の発展

（1）産業革命から生まれた都市型農園

欧州に行くと，市街地やその縁辺部で区画に区切られた小屋つき農園が見られることがある（図 10 － 1）。これはドイツではクラインガルテン（Kleingarten），英国ではアロットメントガーデン（allotment garden），スイスではファミリエンガルテン（Familiengarten）またはジャルダン・ファミリオ（jardins familiaux），デンマークではコロニーヘーヴ（kolonihave）などと呼ばれる，都市型農園である。農園とはいっても，必ずしも畑だけがあるわけではなく，250 ～ 400m^2 程度ある区画

には芝生が広がり，花や果樹が空間を彩り，遊具やベンチがあることも多い。小屋も住めるのではないかというほど立派なものも多い。都市住民は基本的には区画を借用し，自分なりの空間を作って，そこで家族とともに余暇時間を楽しんでいる。こうした都市型農園は100年以上の歴史を持つことも珍しくない，貴重な都市緑地となっている。

図10－1　ドイツのクラインガルテン（左）とスイスのファミリエンガルテン（ジャルダン・ファミリオ）（右）の例（口絵－3参照）

クラインガルテンを始めとした伝統的な都市型農園の起源には諸説あるが，19世紀に生まれたものが大きく発展し，今も残るものに直接的に繋がっている。英国では19世紀に政府が失業者対策として法整備をし，区画分けした農園を与えたことが，現在のアロットメントガーデンの起源になっている。ドイツでは，18世紀末にカール・フォン・ヘッセン方伯が，現在のシュレスヴィヒ＝ホルシュタイン州にあるカッペルンという町で貧しい市民に畑付きの建設用地を貸し与えた。19世紀には英国の影響も受けながら，キールで最初の救貧農園（Armengarten）が設置された。この動きはベルリンやドレスデン，フランクフルトなどの他都市にも広がった。現在もライプツィヒに残る「ヨハニスタール」と名付けられたクラインガルテンは，元々救貧農園として1832年に設置されたものである。

その後，産業革命を機に都市の過密化が進み，衛生環境の悪化に危機感を持ったライプツィヒの医師であり教育者でもあったシュレーバー博士が，新鮮で綺麗な空気を吸える子どもの遊び場をつくるべきと提唱した。シュレーバー博士の死後，その理念にもとづいて教育者・ハウシルト博士が 1864 年にシュレーバー協会を設立，1865 年に市有地を子どもの遊び場として整備した。そして，教師・ゲゼルが遊び場周りにつくった農園が現在のクラインガルテンを形作ったと言われている。この農園とシュレーバー協会が，現在の各クラインガルテン施設とその利用者組織の基礎となった。

今や，クラインガルテンやアロットメントガーデンといった伝統的な都市型農園は欧州都市の市街地に残る貴重な都市緑地になっている。欧州の都市を空から見ると，アジアの都市に比べ都市と農村部の境界が比較的はっきりしている。これは，19 世紀末まで城壁が備えられていたことに起因する。農村からの労働者流入による人口増加のため，城壁は壊され都市は拡大したが，かつての都市と農村を峻別した文化のためか，都市計画において開発すると決められた区域に農地が残存することは基本的にない。一方で，かつては都市の縁辺部であったクラインガルテンやアロットメントガーデンは，拡大する都市に取り込まれ，現在では市街地のなかに立地するようになっている。本格的な農業をする農地ではないが，都市住民が耕す農園が都市に残っており，そうした農園が，集合住宅が多く庭のない都市住民にとって貴重なオアシスとなっているのである。

クラインガルテンのような伝統的な都市型農園が都市計画において保護されているかどうかは，国・都市によって異なるが，恒久的な土地利用として位置づけられている国もある。ただしそうした国でも，すべての農園が恒久的なものとして指定されているとは限らない。かつては都市の縁辺部であった土地も，いまでは市街地の内部に取り込まれたアクセス至便な土地となっている。よって生じる開発圧力に対抗するため，国や都市レベルで存在する都市型農園の支援組織がロビー活動を行ったり，自治体の計画の策定に関わったりすることがある。こういったことから，都市の要素のひとつとして都市型農園が認められているといえよう。

（2）地域社会改善のためのコミュニティガーデン

クラインガルテンのような伝統的な都市型農園に対し，1970 年代頃からはコミュニティガーデン（community garden）と呼ばれる都市型農園が北米を中心に広がり，欧州やオセアニアでも事例が多くみられるようになっている。コミュニティガーデンの定義には明確に決められたものはないが，区画分けされているか否かに関わらず，複数の人々が野菜や花，ハーブなどを育てる共同の農園を指す。レイズドベッド（raised bed）と呼ばれる，木の板で立ち上げた花壇を使うことも多い（図 10－

図 10－2　レイズドベッドを使ったドイツ・ベルリンの
コミュニティガーデン「ヒンメルベート」

2)。休憩スペースやカフェ，子どもの遊び場，生活道具の修理小屋などがみられることもあり，用途複合的な空間にもなりうる。比較的新しい歴史と，柔軟な空間利用・運営形態から，古くから存在し法制度や規則で形式が定まっているクラインガルテンなどの伝統的な都市型農園とは区別して語られることが多い。

コミュニティガーデンの発祥にも諸説あるが，有名なものは米国・ニューヨークのリズ・クリスティー・コミュニティガーデン（Liz Christy Community Garden）である。1970年代の米国は，金融危機のため，空き地が発生・荒廃し，ニューヨークの都市も荒れていた。そこで，リズ・クリスティーは，ボランティアとともにバワリー通り・ヒューストン通りの一角にある区画を緑化・美化し，1974年には市から月1ドルでその土地を借用することが認められた。ここが今，リズ・クリスティー・コミュニティガーデンと呼ばれている。そして，リズ・クリスティーはグリーンゲリラ（Green Guerillas）という団体を結成し，空き地の緑化運動を広めた。

さらに市は，市有の空き地の維持管理を，意欲あふれるコミュニティに委託することにし，1978年にグリーンサム（Green Thumb）プログラムを開始した。市有地の貸し出しを調整するこのプログラムにより，魅力がなく治安悪化の一因にもなっていた空き地が，近隣住民の手で農園や花畑などに変わっていった。そのうちに貸し出しするプログラムから，ライセンス契約には変わっていったが，基本的に空き地の暫定的利用が前提とされていた。つまり，市としては，いずれ開発に供する土地のつもりでいた。しかしコミュニティガーデンが発展するにつれ，住民にとっては重要な空間となっていったことから，多くの場所が開発されないまま残っていった。

この流れで，1984年には，ガーデン保護プログラムという10年間の貸し出しを認める仕組みがグリーンサムプログラムのなかにできた。そして，1989年には，積極的な維持管理がなされている限りは「保存地（preservation site）」として，恒久的に空き地のコミュニティガーデン利用が認められる仕組みも導入された。1995年にはグリーンサムが公園局の管轄におかれ，保存地の指定は不要となり，コミュニティガーデンの永続性がさらに担保されるようになった。一方で，開発圧力も依然としてあり，コミュニティガーデンの保護のためNPOやトラスト組織が尽力している。

2. コミュニケーションツールとしての農

（1）コミュニティガーデンの多様な機能

ここまでアーバンガーデニング（urban gardening），すなわち「都市の農（≠農業）[1)]」の空間を紹介してきたが，次は近年さまざまな都市で新しくつくられているコミュニティガーデンに着目し，その機能について述べる。

コミュニティガーデンには非常に多様な機能がある（図10－3）。まずはひとつずつ，そうした機能について解説していく。

まず，野菜やハーブなどの食べられるものを栽培するからには食料供

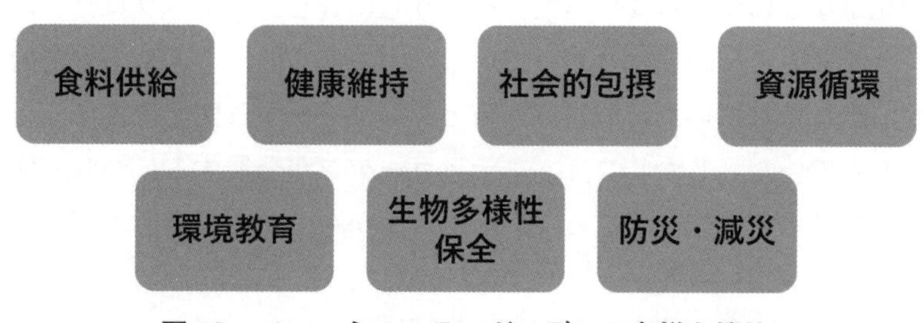

図10－3　コミュニティガーデンの多様な機能

1）ここでの「農」とは，生業としてではない形で農作物や花などの栽培をする営みのことを指す。

給の意義は大きい。特に北米などの国では，低所得者層ほど新鮮な野菜を低廉な価格で手に入れることが難しく，ジャンクフードに頼って健康を害することが多い。そうした人々にとってコミュニティガーデンは新鮮で健康的な食料へのアクセスを確保する貴重な手段となっている。日本でも，こども食堂へ栄養豊富な食材を供給するコミュニティガーデンが存在している。

コミュニティガーデンでの活動は，食料面以外でも健康維持にも寄与する。耕したり雑草を取ったりなど，身体を動かすことでの身体機能の維持・向上はもちろん，適度な運動や，活動中における他の人とのコミュニケーションを通じて精神的な安定も得られることが，多くの研究で明らかになってきている。特に災害後や，感染症蔓延に伴う行動制限中には，こうした健康維持の役割はより重要になってくる。

コミュニティガーデンは移民や難民も含めたあらゆる人を繋ぎ，あらゆる人の居場所となりうることから，社会的包摂の役割も担っている。年代や体力，技術，文化に関わらず，栽培という共通の目的をもち，ともに作業したり会話したりしやすいという利点が栽培活動にはある。ドイツなどの国では特に多文化共生ガーデン（Interkultureller Garten の意訳）と呼ばれる，他国出身，あるいは他国の文化をルーツとした人（移民である親を持つ人など）とともに活動するコミュニティガーデンが多く存在する。

ガーデンで発生した植物残渣や，家庭で発生した生ごみを集めて，堆肥化する取り組みもよく見られる。これにより，地域単位での資源循環に寄与することも可能である。こうした活動は実践を通じた環境教育にもなる。うまく植物残渣や生ごみを発酵させられると手に触れたときに温かいなど，大人も子どもも楽しみながら，身近な場所で生態系の仕組みを学ぶことができる。

さらに，ガーデンはさまざまな虫や鳥などの生き物が訪れることから，都市における貴重な生物多様性保全の空間ともなる。たとえば花粉を媒介するミツバチなどのための巣箱も置かれることがよく見られる。

そして，防災・減災もコミュニティガーデンの機能の一つである。たとえば，地震や台風などの際には，建物があまりないことから緊急の避難所として使うことができる。発災後も，インスタント食品ばかりで栄養分が不足しがちな時に，野菜や果物などを得ることができたり，仲間と一緒にいつも通りの栽培活動に励むことで日常性を取り戻し，気持ちを安定させられたりする。

以上のように，コミュニティガーデンはさまざまな機能を持つ空間である。ひとつひとつの機能を見ると，違う施設の方が効果は大きいだろうが，複数の役割をもつという多機能性がコミュニティガーデンの強みだといえる。昨今話題になっている，自然環境の機能を国土や地域づくりに活かすグリーンインフラも，これまでの単一目的のグレーインフラとは異なり，多くの利点があるといわれている（参考文献［1］）。植物や土を基調とした空間であるコミュニティガーデンもグリーンインフラのひとつといえるだろう。

（2）コミュニケーションを媒介するコミュニティガーデン

ここではソーシャルシティという観点から，コミュニティガーデンがいかにコミュニケーションのツールとなり，社会的に役立っているかについて詳細に述べる。

栽培活動が人々を繋げるきっかけになることは先に述べた。生業として量と質を求められる農業とは異なり，失敗してもよく，プロセスを楽しむことができる気軽さがアーバンガーデニングにはある。また，収穫後には「食べる」という行為が付随する。この「食」はあらゆる人が生命を維持するのに必要な共通の活動でもある。よって，ともに「食べる」ことを通じてコミュニケーションをとることがしやすい。国レベルではもちろん，地域や家庭レベルでの食文化の違いを，調理・食事という実践も交えながら会話のきっかけにすることもできる。

栽培や「食」，さらにその他の要素を使い，都市市民のコミュニケーションを生んだ事例を紹介する。ドイツ・ベルリンには 100 箇所以上のコミュニティガーデンがあり，そのなかにプリンツェシンネンガルテンという，中心市街地に近い地下鉄駅の前に農園があった。空き地を暫定的に利用していることから移動可能な農園としてデザインされており，たくさんのレイズドベッドやプラスチックのかごなどに植えられた野菜が並んでいた（図 10 － 4）。ここにはカフェが設置されており，農園内で育てられたハーブを使ったお茶や，ベルリン市内あるいは近郊から仕入れられた有機野菜で作られた料理などを楽しむことができた（図 10 － 5）。自転車の修理小屋や，イベントを行う大がかりなステージ付きのパビリオン（仮設の建物）もあり，異なる興味を持った人々を惹きつける空間となっていた。開園しているときは誰でも入ることができ，栽培やその他の活動に参加することができた。2020 年に元の運営母体は活動地を違う地区の墓地の中に移動させているが，そのコンセプトは保たれたままである。また，従来の活動地でも，メンバーが分離してガーデン活動を継続させている。

同じくベルリンのヒンメルベートというコミュニティガーデンも，ドリンクスタンドや子どもの遊び場，ワークショップ用のテント，苗の販売所などを備えており，元は空き地であった空間が，貴重な地域の交流の場となっている。多言語で「ようこそ」と書かれた入り口（図 10 － 6）は，さまざまな人々の居場所であることを象徴している。このよう

図 10－4　空き地に置いたカゴや袋，レイズドベッドでの野菜の栽培

図 10－5　コミュニティガーデン内のカフェ

に，「農」の空間は多様な活動のプラットフォームとなり，コミュニケーションを媒介する。

ガーデン参加者同士で，食を通じて積極的なコミュニケーションを日常的に取る方法もある。たとえば，ニュージーランド・クライストチャーチの「ニュー・ブライトン・コミュニティガーデンズ（New Brighton

Community Gardens)」では週 3 回活動日があるなか，毎月 1 回はみんなでさまざまな料理を持ち寄って一緒に昼食をとる日（Shared Lunch）が設定されている。そのほかの活動日にも，基本的に参加者は一緒に昼食をとっている。昼時になるとベルが鳴らされ，ガーデンでとれたサラダや，誰かが持ち寄った料理と自分で持ってきた食べ物を楽しむ。天気がよければ屋外の大きなテーブルを囲むが，雨が降っていても建物（休憩小屋）があるため問題はない。特にコミュニティガーデンの参加者は高齢者が中心になることが多いため，このような日常における交流で元気を保つことや，互いにいつも元気でいるか確認するための見守りは重要である。

図 10 － 6　多言語で歓迎の意を伝えるコミュニティガーデンの入口

3. コミュニティガーデンの持続的な運営

(1) 地域住民とコミュニティガーデンの関わり

コミュニティガーデンは都市生活の場の一部であるが，交流を楽しむだけでなく，運営もうまく行わないと場は持続しない。いかに，運営を生活の一部に組み込めるかが，コミュニティガーデンの継続性の鍵となる。コミュニティガーデンの運営には地域住民や行政，企業など異なった主体が関わるが，まずは地域住民のガーデンへの関わりについて説明する。

自分たちで自分たちの場をつくることがコミュニティガーデンの基本である。日常的に関わることができるのも，近隣に生活しているという条件があることが大きい。言い換えれば，遠くに生活していると，日常的に継続的な関わりを持つことは難しい。よって，日常的な運営活動は参加する地域住民が担うことが望ましい。

具体的な運営活動には，たとえば下記のような事項が挙げられる。

・土地の管理
・仲間集め
・活動内容の決定
・農作物や植栽の管理
・トラブル対応

コミュニティガーデンは住宅地内の空き地や農地，学校の敷地，商業施設の屋上などを借用あるいは利用契約して，つくられることが多い。一度土地を使えるように交渉がなされたとして，そのあとも法制度や契約の範囲内で適切に土地を使っているか，気を配る必要がある。建築物の制限は代表的な事項である。また，借用や利用の契約期間の更新の作業も必要となるが，問題なく更新するために日頃から土地所有者との信頼関係を築いておくことも大事である。

仲間集めも重要な運営活動のひとつである。楽しく活動をし，やれることを増やし，コミュニティを築き保つには，ある程度の数の参加者が恒常的に必要となる。しかし，人々が任意に参加するコミュニティガーデンでは，多忙になったり，引っ越しをしたりなど，さまざまな理由で場を離れる参加者が発生してしまう。ガーデンを維持するために人が必要というのは，人のためにガーデンをつくるという本来の目的とは逆転しているようにもみられるが，そうした場を意識的に維持するからこそ，新たな人々とのつながりを生むことができる。SNSやウェブでの発信，イベント開催，地域組織や学校等との連携を通じて，常に新たな人々を仲間に巻き込むことが求められる。

どんな活動をしていくかについても，参加者同士で随時話し合う必要がある。日常的な農作業や交流のほか，イベントなど，どのような活動をしたいのか，意見交換をし，参加者の合意と協力のうえで行わないと活動は成立しない。意見の対立も起こりうるが，そうしたときに多様な意見を調整していこうとする姿勢が，リーダーはもちろん一人ひとりに必要になる。併せて，活動に必要な資金の確保方法（助成金申請等）も検討される必要がある。

植物には日頃の手入れが欠かせないことから，農作物や植栽の管理は日常的に行わなければならないが，生業として取り組む活動ではないため，いかに無理せず楽しく行えるかという視点が重要とされる。役割分担や環境に配慮した栽培などは有効であるが，参加者同士がそれぞれにできる範囲で助け合いながら，特定の農法や技術の向上にこだわりすぎないようにすると，より多くの人が楽しみやすくなる。責任をもって質の高い栽培を行いたい人には，区画貸しの農園の方が適している。コミュニティガーデンの一番の目的はコミュニティを育むことである。

活動のなかで起きる大小さまざまなトラブルへの対応も求められる。例として，コミュニティガーデン近隣の住民から騒音やコンポストの臭気に対する苦情が来ることが考えられる。そうした際に，コミュニティガーデンの活動を理解してもらうために，活動をできるだけオープンにしておく必要がある。具体的には，普段の活動が視認できるようにしておいたり，看板を立てたり，ウェブ発信やポスティング等による広報活動をしたりということが考えられる。そして，トラブルが起きた際には，問題が大事に至る前に，速やかに関係者に話しにいく機動性も必要である。

継続的に負担の大きな役割を果たすコーディネーターや会計係などに，労賃を支払うような事例もある。先述のニュー・ブライトン・コミュニティガーデンズはその一例である。ただし，その資金確保のために助成金取得などの努力は必要となる。

以上のような運営活動が，日頃の交流活動に組み合わさって，無理なく行われることが，地域住民が都市生活のなかでコミュニティガーデンを持続的に活用するために必要である。こうしたコミュニティガーデンを通じた地域との関わりを取り入れた，新たなライフスタイルの創出・普及が期待される。

（2）地域住民と行政の協働

コミュニティガーデンには地域住民だけでなく，自治体が介入している事例も多い。自治体がコミュニティガーデンの場を最初に整備する場合もあるが，それよりも活動の意欲が既にある地域住民の支援として，使える土地や資金確保の情報を提供することが一般的である。ドイツでも，先述のプリンツェシンネンガルテンの事例のように，公有地で空き地になっているところを暫定的に１～数年ごとの契約で利用する事例がみられる。公有地であれば直接自治体から貸すことができ，また私有地でも地域住民が土地所有者と直接交渉するよりも，自治体が介入したほうが，土地所有者は安心して土地の貸し出し等をできる利点がある。資金に関しても，自治体が緑化や環境・社会支援・教育活動等に対する助成をしていることがある。このように，自治体は地域住民のコミュニティガーデン活動を後方支援することが多い。

行政主導でコミュニティガーデンを設置する例では，いかに地域住民に主導権を渡していくかが，持続的な運営へ向けての鍵となる。ドイツのベルリンでは，国・州・自治体が出資して，低所得者が多い，犯罪率が高いなど，問題を抱える地域で社会改善を行う「社会都市プログラム(Soziale Stadt)[2]」の一環として，コミュニティガーデンを使う場合もある。この場合，自治体が公募して選んだ，指定地区の社会改善を促していくNPO等の団体が，ガーデン設立を地域住民に呼びかけ，ともに作っていくことになる。NPO等がコーディネーターを担い，あくまで地域住民が自分事としてガーデンづくりに取り組めるよう，空間デザインや施工を一緒に行っていくなど，調整を図っていく。そうしないと，ガーデンが地域に意義を持つことはなくなり，また愛着も持たれないことからすぐに参加者が離れてしまう恐れがある。そしてNPO等が離れたあとの，資金面も含めた運営の仕方を参加者と協議しておく。自治体はこうしたプロセスを整理し，トップダウン型開設でも地域住民の主体的運営に移行できるようなノウハウを蓄積する必要がある。

このように，行政は地域住民のコミュニティガーデン活動を支えるために重要な役割を担っている。地域住民と行政がうまく協働していくことで，さらなる活動の発展や持続性向上が期待される。

2）社会都市プログラムは2019年で終了し，2020年に始まった「社会的結束(Soziable Zusammenheit)」というプログラムに引き継がれた。

（3）中間支援組織の役割

地域住民や行政，場合によっては企業もありえるが，こうした主体だけで個別の事例をつくりあげていくことは可能であるものの，ゼロから方法を考えてコミュニティガーデンをつくりあげていくことは困難である。キーパーソンとなる熱意のある有力な人物がいれば進みやすいが，そうでない地域ではコミュニティガーデンができづらくなる。どのような地域でも，より気軽にコミュニティガーデンづくりや運営に取り組めるよう，支援する組織が求められる。

そこで，中間支援組織の存在が重要になる。日本の内閣府によれば，中間支援組織とは，「市民，NPO，企業，行政等の間に立ってさまざまな活動を支援する組織であり，市民等の主体で設立された，NPO 等へのコンサルテーションや情報提供などの支援や資源の仲介，政策提言等を行う組織」と定義されている（参考文献［2］）。

都市型農園に特化した中間支援組織は日本ではまだ多くないが，欧米では国あるいは都市レベルで見つかることが多い。そうした組織があることにより，個々に活動する団体が新しくコミュニティガーデンを立ち上げるときに支援を受けられたり，活動中に情報交換できたり，また国や自治体に要望を伝えたりといったことが可能になる。国や自治体とは別に市民や企業を支援する専門的な組織が入ることにより，細かな必要な知識や需要に対応した支援が可能になり，効果的な協働も進みやすくなる。

ドイツのアンシュティフトゥング（anstiftung）という，連邦全土の都市型農園を始めとした DIY（自分自身でやる）活動を支援する組織は，中間支援組織の一例である。アンシュティフトゥングは非営利財団であり，DIY でつくられる空間とネットワークを促進し，活動者をつなげて，研究調査もしている。具体的な対象は，多文化共生ガーデンやその他の都市型農園，オープンなワークショップ，モノを修理する取り組み，オープンソースプロジェクト，地域活性化のための取り組み，公共スペースへの介入である。

アンシュティフトゥングの職員には，役員のほか社会学や芸術学，生物学，政治学などを専門としたリサーチアシスタント役員会の補佐職員，学術的なアドバイザーがいる。役員を含め，博士号取得者が複数おり，学術的な性格が強いことが特徴的な財団である。学術的出版物も意欲的に出されている。専門性を活かした支援の実現のために，必要なスタッフが揃えられているといえる。

こうした組織が地域に生まれ，活躍していくことがコミュニティガーデンの取り組みを広げていくために必要である。そのためには，こうした組織での仕事が真に仕事として認められ，個人の生計を立てるに十分な職業として一般的になることが求められる。

参考文献

［1］European Commission. Green Infrastructure (GI) – Enhancing Europe's Natural Capital. COM (2013), 2013, 249

［2］内閣府．新しい公共支援事業の実施に関するガイドライン．https://www5.cao.go.jp/npc/shienjigyou-kaiji/gaidorain.pdf

1．19 世紀における欧州の都市の地図をインターネットで探してみて，都市型農園が求められるようになった過密な都市の状況を確認してみよう。

2．人類は長い時間をかけて，農村的性格を排して高度な技術を用いることで効率化された都市をつくり，匿名性の高い空間を求めて移り住む／住んだ人々もいるなか，なぜ「農」の空間が現代においてまた求められているのか，考えてみよう。

3．自分ならどのような都市型農園に参加してみたい，あるいはつくってみたいか，また仲間はどうやって集めていけそうか，考えてみよう。

11 「農」を取り入れた新たな都市生活の潮流－日本編
多様化していく日本の「農」とこれからの都市

新保　奈穂美

《目標＆ポイント》 歴史的に「農」は都市の課題に対応しながら多様な機能を発揮し，コミュニケーションの場となっている。日本でもそれは同様であるが，独自の土地利用コントロールの仕組みや「農」へのニーズの違いから，異なった様相も呈している。日本特有の事情を解説しながら，日本における新しい都市生活や都市像の変化と，「農」との関連性について考える。
《キーワード》 アーバンガーデニング（都市の農），市民農園，コミュニティガーデン，農地，空き地，高齢化社会，多文化共生社会，ライフスタイル，持続可能な社会

1．都市の近代化・発展と都市型農園

（1）都市の近代化で欧州から取り入れられた都市型農園

日本において計画的に都市型農園がつくられたのは，欧州の都市に倣い近代化が進められていた1920年代のことである。当時大阪市長であり，現在の御堂筋を作ったことで知られる関一がドイツのクラインガルテンのことを知り，「之は面白い。緑地に乏しく，而も煤煙の甚だしき吾が大阪市では，市民の健康保持上極めて適切なる施設である。直に之を実行してみてはどうか」と興味を持ち，土木部の公園課長椎原兵市に農園設立を命じた。そして，1926年に大阪市郊外の農地に，大阪市農会という大阪市の農事改良を目的とする団体によって貸農園が設立された。

1934 年には，より利便性の高い立地にある城北公園に公園課が貸農園を設立した。一方で東京では，1933 年に東京市農会によって大泉学園の農地に貸農園が，1935 年に東京市公園課によって渋谷区に羽澤分区種芸園という貸農園が設置された。このように，農地および公園に貸農園が試験的につくられていった。

その後，1930 年代後半には，東京緑地計画という大規模な緑地帯を整備する計画にも「分貸園」という貸農園が要素として組み込まれた。しかし，戦争の激化とともに，東京緑地計画は防空緑地計画，戦後には戦災復興計画の一部と姿を変えたが，高度経済成長に伴う市街地開発の圧力もあり，実現しなかった部分も多い。また，戦中・戦後直後には空いている土地はどんどん耕して食料生産を，という議論がなされていたため，計画的に農園を設置していく流れとはならなかったようである。

（2）市街地の拡大と市民農園の普及

都市型農園が普及するのは，1960 年代頃から，農地所有者が都市住民に農地を区画貸ししていくようになったころである。高度経済成長とともに市街化が急速に進み，農地所有者には，農業以外の仕事をした方が儲けることができるが，農地を守りたいと思う者がいた。一方で，都市住民側では市街化とともに，土に触れたいという欲求が高まっていった。そうしたお互いの需要が合致して，「市民農園」と呼ばれる，農地での貸農園が増加していった（図 11 － 1）。ただし，戦後は自作農が原則であり，こうした農地の使い方は農地法に違反するものであった。また，すでに市街地を形成している区域およびおおむね 10 年以内に優先的かつ計画的に市街化を図るべき区域（市街化区域）の農地にあっては開発用地として都市計画行政ではみなされていた。そのため，市民農園は法的にも計画的にも望ましいものではなかった。しかし，当面の間は経過措置としてその存在を認めることになった。また，開発需要が落ち着いてきた1980年代以降には，市民農園を合法的に整備できるような動きが農政側でも都市計画行政側でも進み，1989年には特定農地貸付けに関する農地法等の特例に関する法律（特定農地貸付法），1990年には市民農園整備促進法が制定された。このように，正式に農地を用いて市民農園を開設する仕組みが整えられた。

図11－1 市民農園の例

（3）多様化する都市型農園

1990年代になると，区画を貸し借りするだけではない都市型農園が登場する。その先駆けが，農家が栽培指導する体験農園である。市民農園は自治体を通じて管理や運営を行うところも多いが，このタイプでは基本的に農家自身が農業経営の一環として開設や運営を行う。またこうした農家主導型の体験農園は東京都練馬区の農家が考案し始めたことから，練馬方式とも呼ばれている。農機具も用意されており，定期的に行われる講習会で教わるままに，植え付けや栽培，収穫を行っていくため，市民農園に比べ失敗しにくく，農作業経験のない人でも取り組みやすい。

2000年代後半以降には，企業が体験農園を開設・運営する事例も現れた。耕作放棄地再生を目指して農地を用いた体験農園を展開していったマイファーム社，土壌改良や屋上緑化の技術を活かして商業施設の屋上を中心に体験農園を展開していった東邦レオ社，立地条件のよい農地を借用し体験農園を展開していったアグリメディア社のほか，なんばパークス開業とともに体験農園を開園した南海電鉄，小田急線成城学園前駅の地下化に伴い生まれた人工地盤に体験農園を設けたランドフローラ（旧・小田急フローラ）社などが代表例である。利用料は，市民農園はもちろん，農家開設型の体験農園よりも高額なところが一般的であるが，その分，スタッフによる定期的なサポート，多忙な際の水やり代行やシャワールームの設置など，サービスが手厚くなっていることも多い。

2000年代には欧米でみられるような都市住民主導でつくられる共同の農園，コミュニティガーデンも登場した。神奈川県川崎市宮前区にある宮崎コミュニティガーデンは都市計画道路予定地を用い2001年に，兵庫県神戸市の震災復興住宅跡地を活用したすずらんコミュニティガーデン（図11－2）は2003年に，神奈川県横浜市旭区にある今宿コミュニティガーデンは未利用の市有地を用い2005年につくられた。こうした公的主体が管理する遊休地を活用したもののほか，農地を用いたコミュニティガーデンであるせせらぎ農園も2008年に東京都日野市で誕生した。近年では，大阪府大阪市・寝屋川市のみんなのうえんや，兵庫県神戸市灘区の商店街内空き区画を使ったいちばたけのように，民有地の空き地を用いたコミュニティガーデンも登場してきている。

都市公園にも農園はある。都市公園法および同法施行令に基づき，分区園と呼ばれる区画貸しの農園は，法律上教養施設として都市公園内に設置が可能であり，実際に横浜市などに事例がある（参考文献[1]）。そうした分区園とは別に，共同で耕すコミュニティガーデンも2013年開

図 11 － 2 すずらんコミュニティガーデン

始の富山市街区公園コミュニティガーデン事業でみられる（図 11 － 3）。ここでは，修景施設の花壇扱いで公園内にコミュニティガーデンが設置されている。管理は地域住民から成る公園愛護会が担い，収穫物は地域コミュニティ内のイベント等に使うことになっている。兵庫県神戸市兵庫区の展望公園でも共同で使える農園「平野コープ農園」が，市の農水産課主導で時限付きの実証実験として 2021 年に設置された（図 11 － 4）。

以上のように，日本における都市型農園の歴史は，当初欧州の概念を取り入れられたことにより始まったが，本格的に浸透していったきっかけは戦後の市街地拡大期における農地保全とのせめぎ合いによるものであった。こうした市街地内に取り残された農地の活用という事情は，欧米には見られない日本特有の現象である。一方で，農地も含むがさまざまな土地を用いて都市住民が共同で使うコミュニティガーデンが登場していることは，欧米とも共通しているといえよう。

元になった土地の面でも，そこで展開される活動の面でも，多様な都市型農園が日本にはあるといえる。農作業の経験や，好みの活動（一人

図 11 － 3　富山市の街区公園コミュニティガーデンの例

図 11 － 4　神戸市の都市公園内でのコミュニティガーデン実証実験

で質の高い野菜をつくりたいか，専門家に栽培技術を教わりたいか，他の人と楽しく交流したいかなど）に応じて，自分に合った都市型農園を選べるため，自分の望む「農」を取り入れた都市生活を実現できる。

2. 高齢化社会におけるコミュニケーションの場に

（1）高齢者が元気で外に出る契機に

コミュニティガーデンは欧米に関する前章で述べたように，さまざまな機能を持つ。それは日本においても同様であるが，特に高齢化社会の到来を踏まえると健康維持や社会的包摂は非常に重要な機能となる。

日本は世界でトップの高齢化率（65歳以上人口の割合）を有している。高齢化率は年々上昇を続け，総務省統計局によれば2021年9月の推計データでは29.1%と，ほぼ3割となった。他方，合計特殊出生率は5年連続低下を続け，厚生労働省の令和3年度「出生に関する統計」によれば，2020年で1.34である。少子高齢化と人口減少はこれからも進む可能性がある。懸念されることは，社会保障費の増大である。医療・介護分野において社会保障費を多く必要とする高齢者が増える一方，生産年齢人口の不足で，社会保障費の一人あたりの負担も増大することになる。社会の維持のためには，いかに一人ひとりが健康をなるべく維持し，社会保障費を抑えるかが必要となる。

そこでコミュニティガーデンに参加する人が増えれば，心身の健康維持に役立つとともに，社会的孤立も防ぐことができると期待される。すべての人が農作業に興味を持つことは難しいだろうが，コミュニティガーデンには農作業以外のさまざまな活動も取り入れやすい。たとえば，DIYが得意であればガーデン内の小屋やピザ窯，ベンチ，ウッドデッキなどをつくる。料理が得意であれば収穫物を調理して他の参加者に振舞う。虫が好きであれば，ガーデンに集まる虫を近所のこどもたちと一緒に採集したり観察したりする。音楽演奏が好きならば，楽器をガーデン内で奏でてミニコンサートをする。芸術に興味があれば，農園内の植物を使って作品をつくったり，農園の様子を絵に描いたりもできる。できることの幅の広さがコミュニティガーデンの特徴である。それぞれの参加者が「好き」や「得意」なことを楽しみ，他の人とも交流すると，日々の生きがいが得られ，健康寿命を延ばせる可能性がある。

引きこもることなく，普段からコミュニティガーデンに通っていれば，何かあった際に他の参加者が気づくこともできる。最近来ない人や，来ていても元気がない人などにすぐ周囲が気づくという地域の見守りは，単身世帯の増加や家族の形が変わった現代において必要なものである。そうした見守りが日ごろからできるコミュニティガーデンの役割は大きい。

（2）若い世代にとっても有用なコミュニケーションの場

コミュニティガーデンは高齢者だけではなく，より若い世代にも役立つ。特に子育て世代は共働きで忙しく，仕事と子育てとの両立が難しい。定期的には難しくとも，休日に時々だけでも，コミュニティガーデンに子どもとともに行ければ，少しの間でも他の参加者たちが子どもを見守ってくれて，親は農作業やその他の活動に没頭したり，他の人と情報交換ができたりして，よい気分転換になる。核家族化で多世代と交流する機会も減った子どもにとっても，他の大人と接するよい情操教育の機会となるだろう。植物や虫に触れるなどして，環境教育の機会も得られる。

学生も，地域のことや食べ物の作り方，人との付き合い方を学ぶことができる。学生が卒業論文や修士論文の題材を求めてコミュニティガーデンに来る場面はしばしばみられるが，そうしたなかで得られる気づきは，大学の外の世界を見て，社会や環境について考える入り口となる。

使える時間の関係で，コミュニティガーデンの活動を恒常的に支える核となるのは，主に定年退職後の男性や子育て等が一段落した主婦層になることが多い。そうした人々が，自身の健康維持や生きがい創出を求めて楽しく活動するとともに，より若い世代のための場をつくっていくことができれば，これからの高齢化社会において自律的に社会をよくすることができる可能性がある。日本がコミュニティガーデンを活用した，生き生きとした成熟都市社会のモデルを示しうる。

3. 多文化共生社会の拠点に

高齢化社会への対応とともに，現代の日本社会に求められているのが多文化共生社会の実現である。コミュニティガーデンが多文化共生社会の形成に寄与しうることは，前章でも述べた。同一民族の割合が大きい日本でも，歴史的に中国系や朝鮮系の住民がいるのはもちろん，近年では技能実習生制度により東南アジアの人々も増えてきている。留学生もアジアを中心にさまざまな国からやってきており，その数は新型コロナウイルスの影響を受ける前は増加傾向にあった（図 11 – 5）。異なる文化を持った人たちといかに共生していくかが問われる時代となっている。知らないことによる抵抗感を払拭し，軋轢を減らすためには，まずは相互理解をする場の創出が必要である。

日本でも多文化共生のためにコミュニティガーデンがつくられた事例が散見される。そのひとつが，神戸市長田区の多文化共生ガーデンである（図 11 – 6）（参考文献[2]）。このガーデンが位置する地区にはベトナム人住民が多く住んでおり，また阪神淡路大震災で被災した古い木造密集地域であることから空き地も点在していた場所である。そこで，有志の住民が任意団体「新長田多文化共生ガーデン友の会（現・多文化共生ガーデン KOBE・ながた友の会)」を設立し，空き地の所有者と相談し，土地を使えることになった。2020 年に整備を開始し，ワークショッ

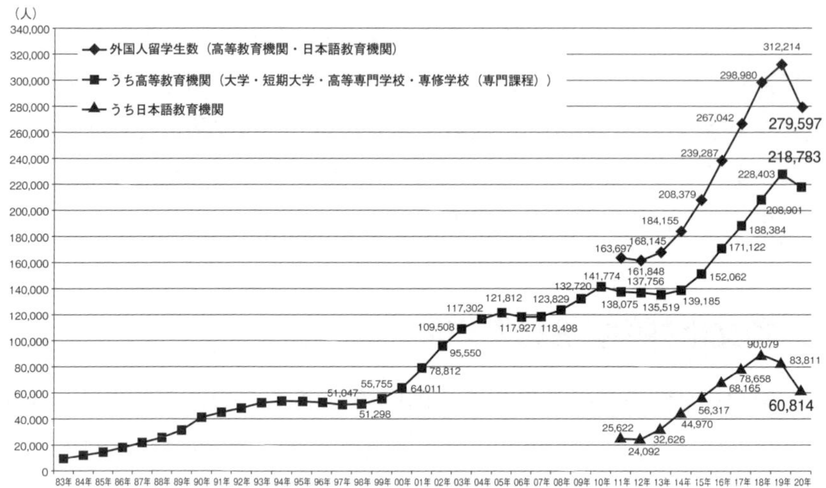

図 11 － 5　外国人留学生数の推移

出典：文部科学省,「外国人留学生在籍状況調査」及び「日本人の海外留学者数」等について, p.2 より

プを開いて手作りで空間がつくられていった。地元自治会への相談や，ガーデン作業中のあいさつなどで，外国人との交流に慣れていない高齢者中心の近隣住民との関係を築いたという。育てるものはパクチーなど，参加者の食卓文化には欠かせないもので，こうした収穫物をおすそ分けすることでも近隣住民からの理解を得ていった［参考文献 2］。こうし

図 11 － 6　神戸市長田区の多文化共生ガーデン（口絵－ 4 参照）

た，地域住民を巻き込んだ丁寧なコミュニケーションが多文化共生には必要で，それにガーデンでの作業や収穫物の活用が役立つのである。

異なる国の文化に縁の深い農作物を一緒につくることで，その国のことを深く知ることができ，反対に外国にルーツを持つ人は日本の気候風土や食文化について学ぶこともできる。さらには，これは国を超えた交流だけではなく，日本国内で移動している人との交流にもなるだろう。日本のなかだけでもさまざまな気候風土や文化がある。野菜を育てることで，なぜここではこの野菜を育てて，このように調理するのだろうかということを体感で知ることができる。多文化共生ガーデンはグローバルな時代に，ローカルな文化を知り，理解しあうことができる貴重な都市空間である。

4. 変化するライフスタイルと都市像

（1）地域住民と自治体の新たなライフスタイル

「農」を組み込んだ新たな都市社会の有用性についてここまで述べてきたが，そうした社会の実現につながるような，ライフスタイルの変化がみられてきている。

ひとつには，テレワークの浸透がある。新型コロナウイルスの拡大によって，22.5% の就業者がテレワークを経験した（参考文献[3]）。テレワークを実施してよかった点として，「通勤が不要，または，通勤の負担が軽減された」という回答がもっとも多く（73.8%），続いて「時間の融通が利くので，時間を有効に使えた」という回答があった（59.4%）（参考文献[3]）。悪い点として，「仕事に支障が生じる（コミュニケーションのとりづらさや業務効率低下など），勤務時間が長くなるなど，勤務状況が厳しくなった」という回答も一番多いため（46.7%）（参考文献

[3]），元来の勤務と同等以上の業務効率性確保が前提ではあるが，通勤時間の削減が可能といえよう。これにより使えるようになる時間の一部で，気分転換や交流，地域貢献のために，コミュニティガーデン参加のような「農」との関わりに費やすことが可能である。

都市部から郊外部や地方都市への移住もライフスタイル転換への契機となる。東京都都区部は新型コロナウイルス拡大と機を同じくし，2020年から大幅な転出超過がみられるようになっている（図11－7）。転出先は横浜市，川崎市，さいたま市といった，近隣市である（参考文献[4]）。こうした主な転出先は2018～2021年で変化はないが，ただし2019年と2021年の差で見れば，東京都特別区部からの転出者数が大きくなった市町村は，横浜市やさいたま市のほか，藤沢市，茅ケ崎市，町田市，柏市，つくば市，鎌倉市といった，より遠方の地が並んでいる（参考文献[4]）。これより，都心部にいた人々は，より空間的にゆとりをもった郊外住宅地で暮らすようになったと考えられる。市民農園のような「農」

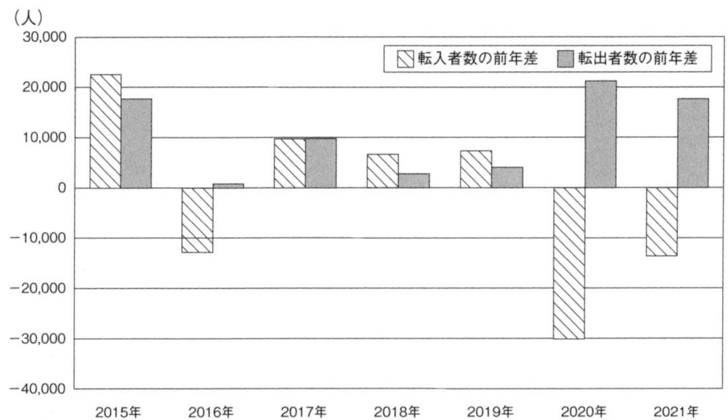

図11－7　東京都特別区部の転入者数・転入者数の前年差（2015～2021年）

出典：永井恵子．東京都特別区部の転出超過の状況　～住民基本台帳人口移動報告2021年の結果から～．総務省統計局　統計Today．No.181，p.2，2022より

の空間も郊外部の方が多いことから，自宅近くで「農」に触れる機会は増えるだろう。

（2）「農」を取り入れた都市像

目指される都市像も変わりつつある。2015 年の都市農業基本振興法にもとづき，2016 年に閣議決定された都市農業基本振興計画によって，農地は都市にあるべきものとして位置づけられるようになった。都市における農業や「農」の意義が認められた動きといえる。これを踏まえ，農業のための農地だけではなく，空き地につくられた農園など，さまざまな「農」空間を効果的に都市に生み出す方向付けが必要と考えられる。

参考になる動きとして，東京都日野市では，2021 年 5 月に「農のある暮らしづくり計画」（図 11 － 8）が決定された。これは，2018 年 6 月に日野市初のテーマ型まちづくり協議会として認定された「農のある暮らしづくり協議会」が提案したものである。この協議会は，農のある暮らしを通してさまざまな地域課題の解決に向け，環境保全，防災機能，景観保全および地域コミュニティの核となるような多面的な機能を持つ農地，公園や増えつつある空き地等を地域の資源として魅力的な空間に育て，保全していくことを目的として，住民中心で結成された。約 2 年にわたり，将来像や持続可能性に関する課題，そして将来にわたり地域住民自らが農的な空間の利活用や保全に取り組めるような考え方，施策，事例，制度等について調査，検討が重ねられた。計画決定後は，実際に新たなコミュニティガーデンの創設に動くなど，協議会メンバー自らが計画に基づき，地域の活性化に資する農あるまちづくり活動に取り組んでいる。このように，住民主体で地域の課題を捉え，持続可能なまちづくりに，農業を行う空間や，市民農園・体験農園といった都市住民向けの「農」の空間を活かそうとする，都市スケールでのビジョンづくりが

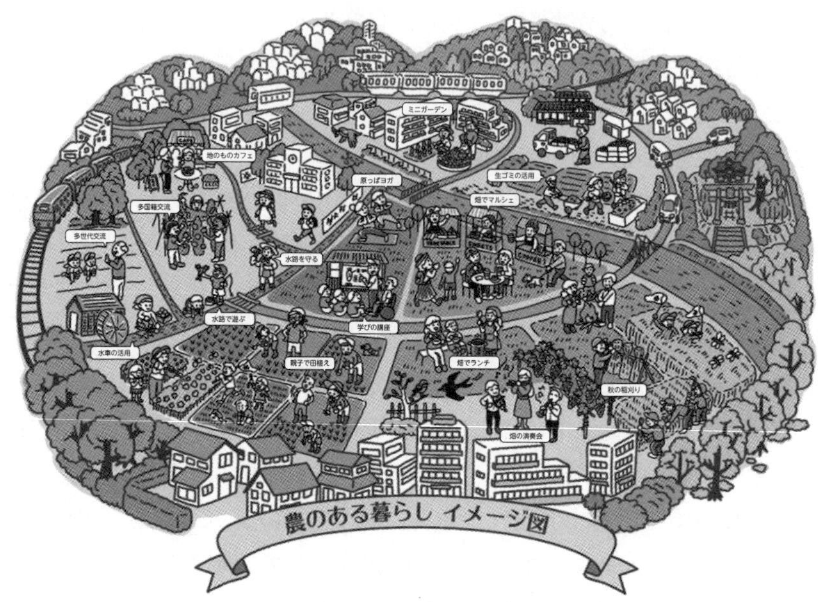

図 11 − 8　農のある暮らしのイメージ図

出典：農のある暮らしづくり協議会．日野，「農のある暮らしづくり計画書」．p.4 より

なされることが望ましい。

兵庫県神戸市でも 2015 年から都市戦略として「食都神戸」が掲げられ，都市部と農村部が共存する特徴を活かし，世界に誇る持続可能な都市の構築を進めている。都市部に農園を創設するなど都市住民が「農」に関わる仕組みをつくるアーバンファーミング推進事業，神戸の食の開発や地産地消を推進するファーマーズマーケット開催，関係者のネットワークづくりなど，意欲的な取り組みが実施されている。

今後，さまざまな都市で「農」を取り入れた持続可能な都市づくりが目指されていくことであろう。海外でも，エディブル・シティ・ネットワーク（Edible Cities Network）が欧州中心につくられるなど，動きが拡大しつつある。なお，エディブル・シティとは，直訳すれば「食べられる都市」であり，都市農業や都市住民による農園を推進する，「農」を取り入れた都市のことである。都市に ICT のような高度な技術を取り入れる一方，こうした動きがあることは，生あるものとの直の触れ合いが求められている証左とも捉えられる。

参考文献

［1］川上純，寺田徹．分区園を設置した都市公園の空間および運営上の特徴に関する考察．ランドスケープ研究．2019；82(5)：543-546.

［2］空き家活用ラボ．[手つかずの“空き地”を地域住民と定住外国人との交流の場に]，神戸市多文化共生ガーデン／まちづくりコンサルタント・角野さんの事例．2020．https://aki-katsu.co.jp/lab/interview7-fumikazukakuno/

［3］国土交通省．令和２年度　テレワーク人口実態調査　－調査結果の抜粋－．2021，https://www.mlit.go.jp/report/press/content/001391381.pdf

［4］永井恵子．東京都特別区部の転出超過の状況　～住民基本台帳人口移動報告 2021 年の結果から～．総務省統計局　統計 Today．No.181，2022.

1．自分のまちで，身近な「農」空間を見つけてみよう。そして，そこでどのような人が，どのような活動をしているかを観察してみよう。

2．自分のまちに，さらに「農」の要素を組み込むとしたらどんなものが必要であるか，まちの課題から考えてみよう。

12 まちと人をつなげる技術

鈴木淳一

《目標＆ポイント》 インバウンド対策の一環として進められている都市情報インフラの整備拡充に向けた取り組みや生活者のICTリテラシーの向上などを背景に，まちへのICT技術の導入が進みつつある。まちの状況や情報に関する来街者間のコミュニケーションは，SNSに代表されるコミュニケーションツールの発展をともない今後ますます活発に行われていくだろう。ひと，建物，環境などの街内状況をリアルタイムにモニタリングすることが可能な未来のまちでは，来街者同士が密にコミュニケーションを行う場や実空間におけるコミュニティの形成が進むことで，まちの活性化や空間価値の一層の向上につながるものと予想されている。

また，先進ICTを用いた滞在価値の向上やリピート来訪率の向上を目指した取り組みは都心部のみならず地方都市においても活用されはじめ，その土地ならではのCRM施策として注目されている。

本章では，まちの活性化につながる顧客動線の可視化に向けた取り組みや，地方にも波及しつつある先進ICTを用いたCRM施策について振り返るとともに，先進センシング技術を用いて来街者それぞれの快適度を可視化することで快適度向上を支援した事例や，スポーツへの関心が高い現代の生活者を対象に地域コミュニティの活性化を目指してSNSとウェアラブルデバイスとを連携させた事例を紹介する。

《キーワード》 実空間ICT，ヒューマンファクタ，個人差，生理指標，快適性，QOL，生体データ，AR／VR，地域経済圏，民藝，メディアアート

1．生体情報のマーケティング活用

（1）快適度の可視化と来街者の屋外利用促進誘引に向けた取り組み

来街者それぞれがSNSを日常的に利用し，双方向型コミュニケーションにつとめるソーシャルシティにおいて，日射や温熱といった環境情報だけでなく，脈派などの生体情報や同行者の人数および関係性といったソーシャルデータまでも加味し，統合的に収集データを分析することで，来街者それぞれの「快適度指数」を個別に算出する試みがはじまっている。

先行事例には，天気，気温，風速，日射量などに応じて快適度を6段階に数値化した「ソトワーク指数」（竹中工務店，2013年）の提唱や，来街者の生体情報（脈波データ）と同行者との関係性などのソーシャルデータを，天気，気温，風速，日射量などの環境情報に加えることで高度な快適度推定を行い，利用者個別に屋外の快適度目安を提示した「心地アップナビ」（大林組，ISID，放送大学）の実証実験があげられる。

いずれも施設の屋外スペースを有効利用するためのもので，屋外空間における快適度目安を屋内利用者に提示することで，来街者（屋内利用者）を屋外空間へと誘導する取り組みとなる。なお，「心地アップナビ」は大阪駅前の複合施設「グランフロント大阪」に設置された複数のデジタルサイネージ端末に実装され，屋外空間における利用者からのフィードバックに基づき快適度の解析ロジックが更新されていく「成長する指標」となっている点もユニークである。

なお，当該実証実験ではサイネージアプリケーションを通して，来街者の生体情報や同行者との関係性情報などをもとに今いる場所の快適度を推定，さらに今いる場所からどこに行けばより快適度が向上するのかといったアドバイスが画面上のエージェントから受けられる仕様となっ

図 12 － 1　ソーシャルデータと快適度指数に基づく街案内サービス「Spy On Me」（口絵－ 5 参照）

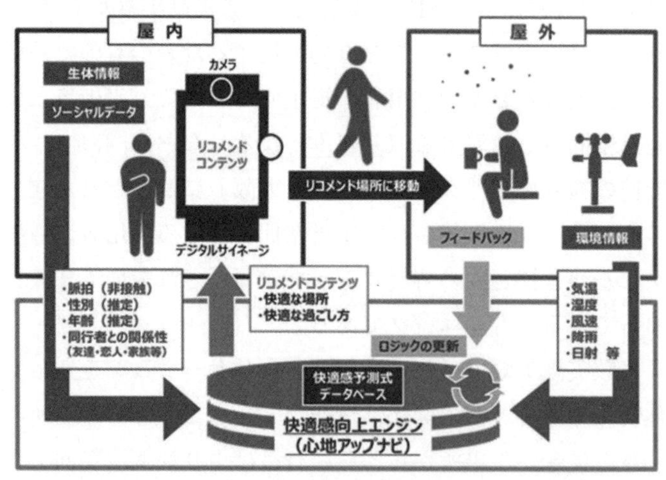

図 12 － 2　屋外空間への個別誘導アプリの概念図

ていた。その際，快適度の算出にはデジタルサイネージ端末に搭載されたCCDカメラが用いられ，サイネージに正対した来街者の顔面を撮影することで，心拍の変動を捉え緊張度などを類推するとともに，同行者との関係性や屋外のリアルタイムな環境情報などを加味して当該被験者の快適度を推定，より快適度が高くなると推定される屋外空間を個別にリコメンドする仕様である。

（2）ウェアラブルデバイスとの連携

地域振興の手段として，スポーツイベントへの関心が高まっている。しかしご当地マラソン大会の乱立など，大会開催だけでは人を呼び込めず，主催者は特色づくりに力を入れている。スポーツを活かした新たな試みが求められる中で，スポーツをテーマにしたまちづくりや地域コミュニティ活性化に向けた取り組みとして，参加者それぞれの日々の何気ない運動を計測し，それをポイント化することで運動マインドを向上させる試みがある。参加者はチームに分かれてポイントを競い合い，与えられたミッションをクリアすることで，楽しみながら運動を継続することができる。

健康を気にしていても，スポーツを習慣化するのは簡単ではない。そのため，この試みでは，歩く・走る・階段をのぼるといった日々の運動を，ウェアラブルデバイスやSNSを用いてチーム対抗のゲームにし，参加者のやる気を引き出すよう工夫している。このような試みでまた，日頃はあまり接点のないオフィスワーカーと近隣住民がチームを組んだり，地域内に設けられたタッチポイントに必ず訪れるという仕組みが導入されると，地域コミュニティの形成につながり，スポーツマインドが高い人だけでなく，健康になりたい一般人，若者からシニアまで一体となってスポーツを楽しめる空間が形成される。

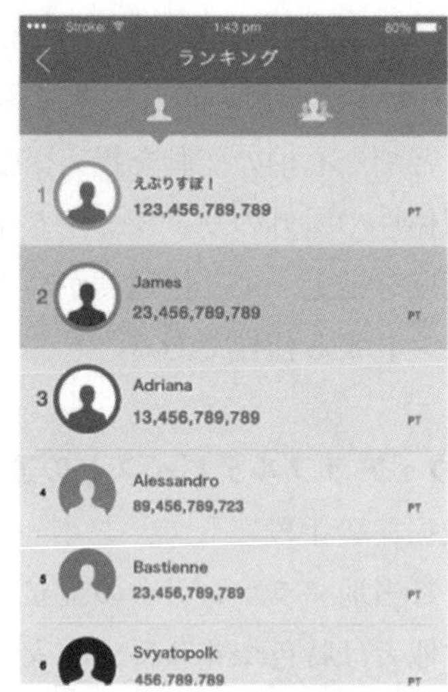

図 12－3　ポイントに変換された日々の運動量の確認画面

この試みがウェアラブルデバイスを用いたことで可能にした特徴として次の３つが考えられる。１つは，チーム対抗形式であること。参加者はランダムに，もしくは友人同士でチーム分けされる。チームメンバー同士のコミュニケーションにSNSを用い，運動実施報告や互いの励まし合いが出来る場をバーチャルに設けている。これにより，単にひとりでウェアラブルデバイスを使っても継続しにくいところを，みんなでやることでより参加者がモチベーションを持って取り組むことができる。

２つ目の特徴は，ウェアラブルデバイスで計測した運動をポイントに変換する点である。なお，参加者が実施したオリジナルの運動量に対して，性別や年齢などの独自の補正係数を掛け合わせることで身体能力の差が出過ぎない仕掛けがなされている。体力差があることから同じ尺度で評価するのは難しい人同士も，このポイント算出アルゴリズムによって同じ土俵で競争できるようになる。

図12－4　大崎駅周辺で行われた「エブリスポ！」実験イベントの様子

３つ目の特徴は，日々の頑張りを街が応援してくれるという点である。デジタルサイネージやセンサー技術を活用して人と街がつながることで，サービスシステムから指示されるさまざまなミッションをクリアすると地域の商店や店舗で使える割引チケット，グッズなどがもらえる仕組みとなっている。

2. 顧客動線の可視化と実空間マーケティング

（1）行動を読み解く

店舗や商業モールなどで顧客動線を計測し，店舗改善に向けて対策箇所の明確化を行うサービスがひろがりをみせている。かねてより店舗のレイアウト改善および売場改善のための顧客動線（顧客導線）分析のニーズは高かったものの，これまで屋内空間において位置情報を精度高く計測するデバイスが入手し難かったこともあり，そのようなニーズに対してはもっぱら人手による顧客動線分析が行われてきた。

第6章から第9章にかけて近年の技術動向について触れた通り，位置計測デバイスとして，Wi-Fi方式やカメラ方式のほか，レーザーセンサー方式，音声方式など多様なデバイスが登場し，また大量のデータを集計・分析可能な分析ツール類も充実したことで，データに基づいて店舗のボトルネックを発見したり，店舗・通路・売場のレイアウト変更や陳列内容の変更，従業員の動作効率化したりする取り組みが可能となった。

従来はPOSデータから把握するのみだったが，入店客数，各通路の通行数，各売場の通行数，立寄客数，滞留客数，通過客数，立寄客購入率，滞留客購入率，通過客購入率など，潜在顧客の商品棚への寄り付き状況をPOSデータと突合し分析することで，より効果的な販売施策を講じることが可能となる。購入されなかった商品について，売場の問題点の発見につなげていくことが期待されている。また，店内の顧客動線をもとに，スマートフォンや店内デジタルサイネージ端末などにリアルタイムでOne to One型のプロモーションを行う店舗も出現してきている。

（2）また来たくなる仕掛け

共創型といわれる顧客ロイヤルティマネジメント施策によって，高いリピート来訪率を実現している事例がある。広島県の限界集落，神石高原町で「いのちを慈しむ」をテーマに，体験ツーリズム，牧場，農園，レストランなどを一体で展開する「神石高原ティアガルテン」である。

神石高原ティアガルテンは，広島県の神石高原町に2015年にオープンした自然体験型のテーマパークで，施設内の牧場やドッグラン，農園や希少植物ガーデンは，各分野のエキスパートと地域住民が連携して運営され，来訪者は彼ら達人たちとの触れ合いを通してより深みのある体

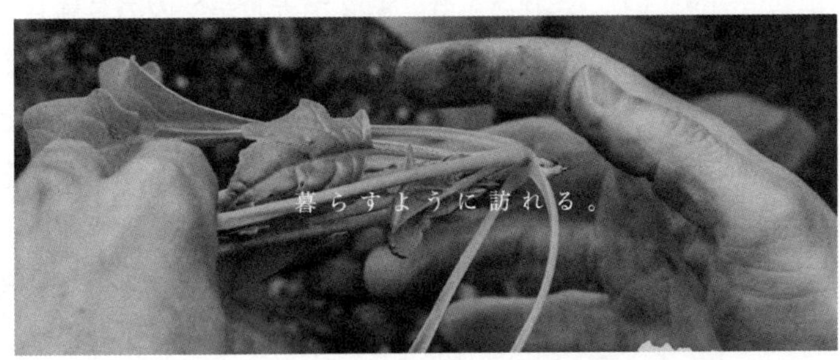

図12－5　神石高原ティアガルテンのホームページ（マイページログイン後）

験や学びが出来るというのが訴求ポイントになる。このテーマパークが位置する神石高原町は，広島県東部，標高約500 mの中国山地に位置し，人口約10,000人。381平方キロメートルの森林に囲まれた高原の町である。近年，都市と農村の格差が拡大し限界集落が社会問題化するなか神石高原町も例外ではなく，そのような場所に開業したテーマパークは立地の難もあり開業当初より「新規客の開拓よりも，ひとたび来場してくれた顧客をいかにリピート来訪につなげるか」ということに力点を置いた取り組みを進めてきた。

例えばティアガルテンでは入場券として，3ヵ月パスポートと年間パスポートの2種類を用意しているものの，一日券はない。ティアガルテンではその理由として，来園者との継続的な関係を築きたいためと説明している。同じ理由から，ウェブサイトでは入場券背面にあるIDとPINコードを入力してログインするマイページが用意されており，来園回数などに加え，ステータス確認やプレゼントの案内，体験イベントの予約など，一度訪れた人が自宅でも同施設を身近に感じられるように工夫されている。

なお，地方のテーマパークには珍しくティアガルテンの入場券にはICタグが搭載されている。これにより，ティアガルテン内の各施設や売店で非接触式のNFCリーダーに入場券をかざすことで，その日に体験したイベント内容や購買の履歴が記録される。入場券の有効期間内に再訪すれば，前回来園時に園内で購入したプリンやソフトクリームなどを無料で食べられるようになっている。同施設ではこのサービスを「Buy One Get One Free」と称してリピート来訪のインセンティブとしている。

また，このテーマパークでは，ギフトとして入場券を知人へプレゼントすることも可能で，ギフトパスポートをプレゼントされた人が来園すると，プレゼントした本人ともども特典が受けられる。一度来園して良い体験をした人を，パスポートの有効期間内に再訪させる仕掛けとしての「Buy One Get One Free」施策に加えて，既存客が「伝道師」となり新規客を連れてくる仕掛けについても考慮されており，実空間マーケティングをまさに実践している好例と言えよう。

このように，ユーザをマーケティング・プロセスに巻き込んでいく顧客参加型のアプローチを採用する事業者のメリットは，自らの内部リソースにとどまらず，より多くの消費者の集合知や行動を価値創造に効果的に活用できることにある。webマーケティングが先行するこのようなアプローチを実空間に埋め込むハード面とソフト面の技術の発展が，多種多様なまちの活性化を促すしくみをまちに実装するためのキーとなってくる。

ソーシャル時代の実空間マーケティングにおいては，ユーザの体験・評価（ユーザレビュー）形成が大きな意味を持つ。商品やサービスの実体験によって生み出された顧客の声が，リアリティを伴った情報の波及

（表面）

（裏面）

図 12 － 6　神石高原ティアガルテンが発行する IC 入場券「年間パスポート」

効果を生み出し，ブランドの評価を決定づけることにつながる。顧客とともに新たな顧客を創造することに力点を置いた共創型のアプローチは，ブランド満足度と顧客ロイヤルティを高められることに加えて，商品やサービスだけではない顧客（ファン）基盤を構築出来ること，顧客のリアルなフィードバックを通じて新製品の失敗リスクを低減できるといった効果をもたらす可能性がある。

3. まちのユーザインタフェース

（1）まちサービスのためのユーザインタフェース

以上見てきたように，まち空間に来街者や住民との接点となる情報通信端末が存在することで，新しい実空間マーケティングが実現していく。タッチパネルやカメラを備え，利用者からの入力機能を備えるまちなかのデジタルサイネージ，IC カードの情報を読み書きし，利用者個別のサービス提供につなげる IC カードリーダ／ライタ端末，来街者のまちなかでの行動を把握しまちのサービスシステムと連動するウェアラブル情報通信端末が，前節に述べたまちサービスと実現するためのユーザインタフェースとなっている。

ユーザインタフェースとは，コンピュータシステムと人間との間で情報を受け渡しする部分や方法のことをいう。このユーザインタフェースは，CLI（コマンドラインインタフェース）→ GUI（グラフィカルユーザインタフェース）→ NUI（ナチュラルユーザインタフェース）→ OUI（オーガニックユーザインタフェース）という流れでより人間との相性の良いものになっていくといわれており，現在は，NUI 導入の時期とされている。CLI は，キーボードにより文字ベースのコマンドを用いてシステムを操作するインタフェースで，GUI は，コンピュータグラフィックとマウスやタッチパッドなどのポインティングデバイスを用いてシステムの操作を行うインタフェースである。現在多くの人が使用しているパーソナルコンピュータのインタフェースは，GUI といえる。NUI は，人間の五感や人間が自然に行う動作によって機械を操作する方法で，タッチパネルやジェスチャー入力，音声対話システムがこの例として挙げられる。スマートフォンや街頭デジタルサイネージのインタフェースは，まち空間で有効に機能する NUI である。OUI は，平面の形状ではなく，ユーザの行動に合わせ入力内容と出力結果の形態とを一致させるインタフェースといわれており，より感覚的（直感的）に操作と情報享受が可能なインタフェースのことを示す。まち空間のユーザインタフェースは，住民や来街者が外出時の日常行動の中で負担を強いられず

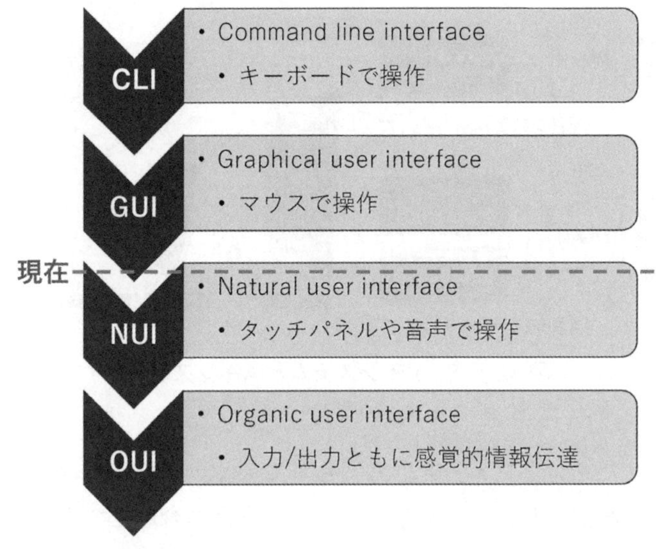

図12－7　ユーザインタフェースの変遷

接することができるものであることが必須であり，このようなインタフェースの開発とまち空間への導入が多様なまちサービスを生み出していく。

（2）未来のユーザインタフェース

NUIとして生活空間での実用利用が多く提案されているジェスチャー入力装置のKinect（Microsoft社）の利用では，ゲーミフィケーションを取り入れつつリハビリ治療を行う場面や，米国のデパートに設置されたショーウィンドウでは，洋服やアクセサリーを身に付けなくともディスプレイ内で着替えられるバーチャルフィッティングルームなど，実用例がありNUIは実空間に浸透し始めている。まち空間においては，VR（ヴァーチャルリアリティ）やAR（オーギュメンテドリアリティ）と

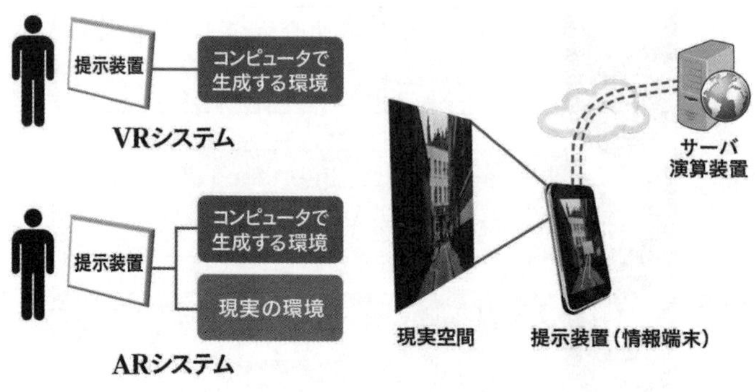

図 12 − 8　VR システムと AR システム

組み合わせたインタフェースも考えられている。スマートフォンのカメラで映した画像越しに，目的地の電子地図を重ね合わせて案内するシステムもこの類のものである。今後は，このようなインタフェースの進化に伴い，まち空間での行動に合わせた形で様々な形のインタフェースがまちに実装されていくことが考えられる。

参考文献

［1］日端康雄，北沢猛．明日の都市づくり：慶應義塾大学出版会；2002.

［2］冨田和暁．地域と産業：原書房；2020.

［3］宮本結佳．アートと地域づくりの社会学：昭和堂；2018.

1．神石高原ティアガルテンが一日入場券を用意していない理由について，考えてみよう。
2．ウェアラブルデバイスによりセンシング可能な生体データにはどのようなものがあるだろうか，考えてみよう。

13　実空間に浸透するブロックチェーン 1

鈴木淳一

《目標&ポイント》 分散型台帳をネットワーク上に構築するブロックチェーン技術は，インターネットを行き交う情報の正当性を担保しうる新しい信頼のプロトコルとして，金融領域への適用にとどまらず様々な分野での活用が期待されている。なかでも，大がかりなシステムへの投資や運用体制の構築が難しい地方自治体には様々な課題解決において分散型であるブロックチェーン技術の適用可能性が広がっており，本格的な検討フェーズへと移行しつつある。本章では，宮崎県東諸県郡綾町（以下綾町）におけるブロックチェーン技術を活用した農産品の安全性をアピールする取り組みの内容について，ブロックチェーン技術の活用が求められている時代背景とともに解説する。

《キーワード》 ブロックチェーン，Web3.0，SSI，価値のインターネット，プロトコル，GDPR／CCPA，W3C，仮想化技術，DID，PID

1．ブロックチェーンが求められる時代背景

（1）インターネットの夜明け ― Web1.0 とポータルサイト

Web の登場は革命だった。ブロックチェーンの登場に遡ること約 20 年，1989 年に欧州原子核研究機構（CERN）のティム・バーナーズ＝リーによって発明された World Wide Web（ワールドワイドウェブ，通称，Web）は，「紙」と「電波」が主流だった当時のメディア環境の新たな選択肢として 1990 年代を通して急速に普及，様々な用途・分野で使われるようになる。当時それはまさに情報革命と呼ぶべき社会現象を巻き起こし，人々はインターネット時代の幕開けに興奮した。初期の

Webは電話回線を用いたダイヤルアップ接続が一般的で，モデムから発せられる耳ざわりな接続音や通信回線が占有されてしまうことによる電話やFax回線との通信遮断も記憶に新しい。

Webの登場によってもたらされた1990年代から2000年代前半にかけてのメディア環境の変化を「Web1.0」と呼ぶ。革命と呼ばれたWeb1.0だが，コンテンツは静的サイトの寄せ集めの域を出ず，参加形態もブラウジング（閲覧）が中心のきわめて原始的なものだった。なお，当時の接続料金は重量課金制が一般的だったこともあり，インターネットに繋がっていない状態「オフライン」と，インターネットに繋がっている状態「オンライン」とを繰り返していたのも，Web1.0時代の特徴であろう。通信インフラも技術進化の途上にあり，わずか数分の楽曲をダウンロードするために相当な時間を待たされるなど，なかなかWebにインタラクティブ性やリアルタイム性を求める発想には至らなかった。

欧米が先行するWebの歴史にあって，日本のインターネットの夜明けは，ポータルサイトとして一時代を築いたIT界の巨人，ヤフージャパンの登場に始まる。1995年の12月，孫正義氏は名もないベンチャー企業の創業者で当時まだスタンフォードの大学院生だった27歳のジェリー・ヤンと同デビッド・ファイロをシリコンバレーのオフィスに訪ね，後のヤフージャパンにつながるサービスの原型“Jerry and David's World Wide Web Guide Web directory”というインターネットのウェブサイトのリンク集に対して100億円の出資と日本への進出を持ちかける。日本語版の開発を担った孫泰蔵氏と（後に楽天の副社長となる）有馬誠氏は超短期間で日本語版を完成させ，これをもって日本のWeb1.0時代の幕が開ける。

プラットフォーム全盛の時代—Web2.0とSNS

人々がWeb1.0の情報世界に酔いしれるなか，シリコンバレーに破壊者が現れる。1998年に設立されたGoogleである。ヤフー同様，二人のスタンフォード大学生，ラリー・ペイジとセルゲイ・ブリンによって開発された検索エンジン“Back Rub”（のちのGoogle）は，人の手に頼っていたヤフーと異なり，複雑なアルゴリズムを駆使した画期的な検索エンジンであった。ADSLや光回線などの高速通信インフラの普及による回線速度の大幅な向上やAmazonによるクラウドサービスの開始，AppleのiPhone発売などスマートフォンの普及，そしてFacebookやTwitterのサービス開始などにより，Webはブラウズするだけでなく，参加するものとなっていく。

インターネット・オークション・サービスでの実装を端緒として一般化したトランザクション（取引）単位で当事者同士が相互に評価しあい当人の「与信の多寡」を第三者に認知せしめるスキーム，いわばサイバー空間における「民（群集）の集合知」による民主的な合意形成のプロ

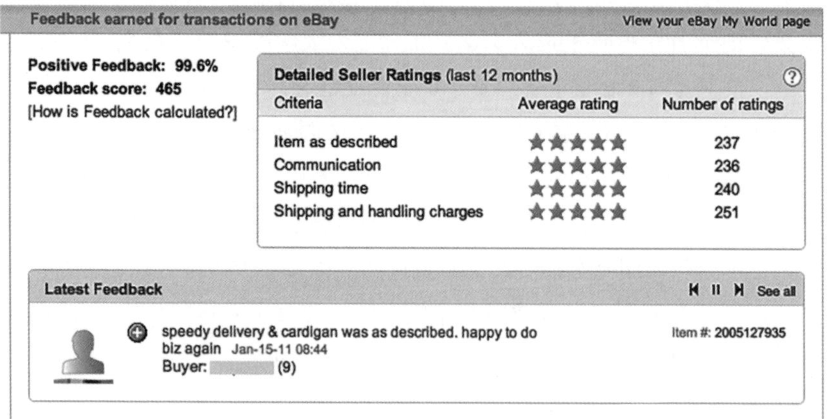

図13－1　オークション・サイト「eBay」の出品者評価（Feedback）確認画面

セスはたくさんのウェブ・サービスに採用され，トライ・アンド・エラーを繰り返しながら広く市民生活へと浸透していく。

この，2000 年代後半に始まるプラットフォーム事業者全盛の時代を，Web2.0 と呼ぶ。常にインターネットにつながる“Always ON”の時代となり，気心の通じ合うもの同士が物理的な境界に縛られることなくソーシャルネットワークサービス（以下，SNS）上にコミュニティを形成することが可能となった。Web2.0 とは，人々が情報を発信・拡散する手段を獲得した「ソーシャルメディアの時代」とも言えるだろう。事業低迷により米国ヤフー CEO のヤン氏が辞任した 2008 年には，日本にも双方向型プラットフォーム事業者が続々登場，スマートフォンアプリを通して人々の発信欲求（及びそれによる承認欲求）を支え，誰でも自由に情報を書き込んだり，評価したりすることが出来るようになった。

2010 年代に入り，GAFA を中心とするプラットフォーム事業者は，個人情報等の取得や利用と引換えに，何らかの財やサービスを無料で提供するというビジネスモデルを確立する。彼らは契約事業者の市場アクセス性を高め，消費者の便益向上にも貢献するいっぽうで，ネットワーク効果や規模の経済等を通じてデータの寡占化を進めていく。そのような状況に対し欧州では企業間のフェアな競争環境への影響や個人のプライバシー情報の寡占化を危惧する声が聞かれるようになる。GAFA らプラットフォーム事業者による個人情報等の独占的な収集スキームは優越的地位の濫用にあたり，プライバシー侵害やフェアなビジネス環境の阻害要因となりうるといった懸念である。

とくに近年は EU における GDPR（EU 一般データ保護規則）や日本における個人情報保護法制，米国カルフォルニア州における CCPA（カリフォルニア州消費者プライバシー法）など，プライバシーやアイデンティティにまつわる法改正・レギュレーション強化の流れもあり，それに伴ってブラウザ閲覧履歴やCookieなどの情報も欧州では「個人情報」として扱うことを事業者に求めるようになってきた。ユーザーの個人情報を業務目的で利活用したい（利活用する必要がある）各事業者には，前もって「本人の同意」を得ておくなどの対応が義務付けられはじめている。日本ではEUのように強力な規制をプラットフォーム事業者にかけることは難しいのではないかという声もあり調整が進められているが，かようにWeb2.0プラットフォーマーは規制される方向にある。

Web2.0世界を超えて—2つのWeb3.0世界

これまで日本には過去に二度，「Web3.0」の波が押し寄せている。一つ目の波は，仮想現実（以下，VR）／拡張現実（以下，AR）／複合現実（以下，MR），Internet of Things（以下，IoT），クラウドAIといった情報技術の進化を捉えて，Web2.0のメインデバイスであったスマートフォンの「次」を担う次世代デバイスとしてHMD（ヘッドマウントディスプレイ）やAR/MRグラスの可能性に着目し，実空間データをクラウドAIで解析することに軸足を置いた，2010年代前半にはじまる計算機世界としてのWeb3.0（第一波）であり，二つ目は，Web2.0時代に入り誰もが情報発信手段としてのスマートフォンを所持したことで「ウェブのパーソナライゼーション」が進展し，それによるプライバシーやアイデンティティの問題（上述）が顕在化してきたことをとらえて，それら課題への対処策として，ひとの内面心理を満たすフェアで民主的でTransparency（透明性）が確保された合意形成手段としてブロックチェーン技術の利活用に着目した2010年代後半にはじまるWeb3.0（第二波）である。

第一のWeb3.0：IoTとクラウドAIが導く計算機世界

日本のインターネットの成長と共に事業を作ってきた起業家，國光宏尚氏は，Web1.0から2.0への変化をハイパーテキストからソーシャルグラフへの移行にまつわる出来事として，またWeb2.0から3.0への変化を，IoT普及に伴う個人に紐づくビッグデータの爆発的増加と，それを意味あるデータに処理する「クラウドAI」の到来として捉え，デバイスのトレンドとあわせて下図のようにまとめている。

筆者はかつて「多様性を導く」というテーマで特集が組まれた“THE SECOND TIMES”誌面において，2008年当時まだ実験段階にあったARやMRなどの仮想化技術に関連する各国のR&D動向について類型化を試み，その未来の姿として「XR」(Crossed Reality：クロスドリアリティ）を提唱した。それから10年余の時を経て，Oculus RiftやMicrosoft HoloLensなどのHMDほか実用段階に達したIoTデバイス，また準天頂衛星システムや5Gなどの社会通信インフラ技術の進展によって，リアルとバーチャルがシームレスにつながる世界はにわかに現実

ウェブトトレンド／構成要素	ウェブ1.0	ウェブ2.0	ウェブ3.0
デバイス	PC (Win/Mac)	モバイル／スマホ (iPhone/Android)	VR/AR/MR (?)
データ	ハイパーテキスト (Google)	ソーシャルグラフ (Facebook)	Internet of Things (?)
処理・解析	マネージドサーバー (RackSpace等)	クラウド (Amazon)	クラウド＋AI (?)

図13－2　ウェブ3.0までのトレンド変遷（國光宏尚氏作成）

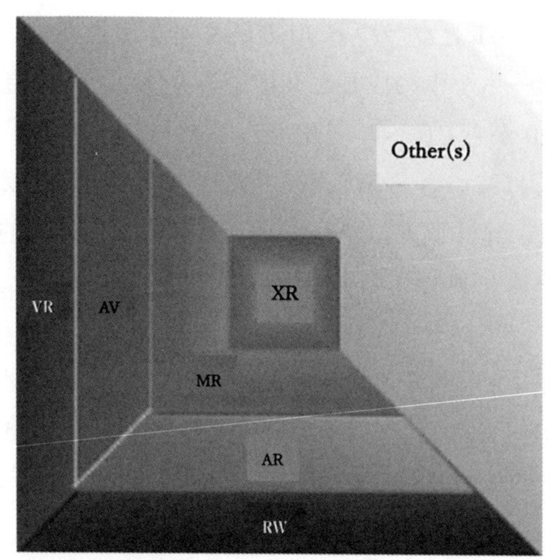

図 13 − 3　仮想化技術の類型（著者作成，ST ビジネス No.10，2008 年）

味を帯び，XR 世界の到来もそれほど遠くないところまで来ている。

そのような Web3.0 世界において重要となるのは，“参加者同士が互いの属性情報をシェアしあう”（図 13 − 3 にて XR と定義された）領域である。それは他者の政治信条や行動哲学といったアイデンティティを思量し，そこに自らの生き方や考え方というアイデンティティを重ねることで，互いの価値(観)を認めあう「多様性を是とする社会」であり，自らの思いや行動の基礎を成すアイデンティティが他者の思いや行動とどのように関わり合うかを予め，もしくはリアルタイムにセンシングし，クラウド＋AI による計算結果にもとづき両者最適となる行動選択が導かれる社会でもある。

このような第一波としての Web3.0 の世界観は，デジタル空間における ID 管理に関する重要な視点を提供し，のちの DIF（Decentralized Identity Foundation）や W3C（World Wide Web Consortium）による自己主権型アイデンティティ（Self-Sovereign Identity：SSI）やDID（Decentralized IDentifier）規格，パスワード認証に代わる認証技術としてのFIDO（Fast IDentity Online）規格といった国際的なアイデンティティに関する議論へと発展を遂げていく。なお，学術領域ではさらに先を見通した研究も進められており，完全なDXを遂げたブロックチェーン3.0社会において自身の分身となるDH（デジタルヒューマン）をWeb上に「正規の分身として配置する」ための仮想化プロセスに関する議論では，図13－3に示したXRの世界を捉えた“相互ID認証”が要件となり，注目に値する。

第二のWeb3.0：ブロックチェーンによる相互与信世界

誰もがスマートフォンを所持し，発信手段を手にしたことで，名もなき個人にも与信が形成されるという「ウェブのパーソナライゼーション」が進展する。しかしソーシャルネットワークに参加を希望する全ての人が対等な立場で参加できるフラットでオープンなインターネット世界，Web2.0は，身元や資格の偽証や成りすまし，フェイクニュースといった問題を顕在化させた。例えば，大手プラットフォーム事業者が運営するレシピ投稿サイトに「乳児向けメニュー」として蜂蜜を用いたレシピが掲載されたことで大事故を招いたケースでは，当該レシピを書き込んだユーザーはコミュニティ内で高い評価を受けていた。

また，あろうことか地方創生を支援するポータルサイトで農産物の産地偽装が発覚したケースでは，当該出品者は農業分野のエキスパートとして公認資格を有していた。最近では，大手出会い系サービスに登録されている医師の人数が全国の医者の人数を上回ってしまうという逸話など，プラットフォーム上で展開される出所不明・真偽不明の情報の拡散事例は枚挙にいとまがない。こうした情報の信頼性の担保が難しいという点は，Web2.0の弊害とされた。

KDDI総合研究所の高崎晴夫氏は，かつて上梓した「Web3.0時代の展望と課題」（KDDI総研R&A，2010）のなかで，Web3.0時代を迎えるにあたり顕在化する可能性のあるテーマとして以下の通り不確定要素を示し，個々の課題について議論を行う必要があると説いている。のちに現実となる様々な課題をきわめて正確に予見しており，まさに慧眼と言えるだろう。

1．Web3.0のインテリジェントなウェブ環境にステークホルダーを適正に参加させることが可能か？（新たなデジタルデバイドの問題，ユニバーサルアクセスの問題，ネット中立性の問題）

2．様々な情報が収集，統合化されることに対して的確に政策が対応できるのか？ 情報の所有権（著作権），コントロール及び責任に関する概念が大きく挑戦を受ける（知的財産制度，プライバシー保護，情報の正確性担保の問題）。

3．社会的反応がどのようになるか判断しがたい。クラウド内での際限の無いコンピュータ処理と蓄積能力とルールを無視するような人々の行動がどのような状況を生み出すのか予測しがたい（アイデンティティ確保の問題，利用者や社会受容性の問題，新たな犯罪への対処）。

4．広範囲にわたる人々と組織のネットワーク能力を高める結果，これまでの価値共有や効率的な資源の入手という過程が崩壊する可能性もある。これにより信頼を損ない，新たな被害に対する脆弱性を露呈する可能性もある（ネットワークシステムの信頼性の問題，脆弱性への対処)。

5．Web3.0 のインテリジェントなウェブを介して，個々人及び組織が新たな国際関係のレイヤーを構成することが可能となることにより，国民国家の重要性を損なう恐れもでてくる（安全保障の問題，国際関係や国際競争力の問題)。

6．イノベーションを引き起こすことが期待できる一方で，情報過剰となり自律的なあるいは協調的なフィルタリングや情報仲介者のレイティングが必要となりうる（情報大爆発への対応問題，情報のコントラビリティの問題)。

引用：高崎晴夫，Web3.0 時代の展望と課題（KDDI 総研 R&A 2010 年5月号)

高崎氏によれば Web3.0 時代とは，これらの諸課題に対処策を見出す時代ということになるのだが，それには 2013 年にヴィタリックブテリン（Vitalik Buterin）が提唱するブロックチェーン「イーサリアム(Ethereum)」と，同ブロックチェーンにて定義されるスマートコントラクト（契約自動執行）という概念・テクノロジーの登場を待つ必要がある。イーサリアムやスマートコントラクトについては後述する。

事業者視点で捉えた Web3.0 ― 個人がデータ裁量権を行使する時代へ

事業者にとっては，一部の企業によるユーザーの囲い込みや独占的な情報の利活用を規制する情報保護法制や各国のレギュレーション強化の動向，及びそれにともない各国で進む個人のデータ裁量権強化に向けたサービスの開発動向に関して，キャッチアップが急がれるとともに，それら国際標準規格に関する議論の動向をふまえた自社の個人情報の取り扱い方針として，新規格に準拠してこれまで通りの運用を続けていくべきか，増大が見込まれる管理コストやセキュリティリスクの観点から一部の個人情報については手放すこととすべきか，といった検討が今後必要となってくるだろう。

後者の方針を選択することは即ち，データの管理主体がアプリケーション運営者（事業者）の手から，同アプリケーションを利用する個人へと移転することを意味する。つまり，事業者視点でみたWeb3.0とは，これまで事業者が自社裁量として取り扱っていた個人情報に一定の制約が加わる世界の流れをうけて，従来の「自社資産として管理する」という考え方ではなく，情報の帰属主体として尊重され力を持つ個人からいかに「利用させてもらえるか」を考えることであり，個人の裁量権を尊重しつつ，対象となるデータを「アプリケーション横断させてもらえるか」という視点で世界を捉え直すことでもある。

社会の要請としてのWeb3.0 — 頻発するアンフェア事象と社会課題

近年，医学部不正入試問題（2018）やCovid-19追跡アプリのインストール義務化（2020），ウイグルの奴隷労働（2020）の問題など，社会システムの公平性や人道的正義を大きく揺るがす出来事が頻発していることも，「中央集権に依らないフェアな社会システム」として，また「民主主義的な合意形成システム」として，ブロックチェーンへの関心が高まりを見せている理由であるとする議論がなされており一考に値する。「中央集権の弊害」と受け止められるアンフェアな社会構造に対して，Web3.0の視点から透明性（Transparency）が確保された分散型システムによる改善を模索する動きも始まっている。

Web3.0の本質は個のエンパワーメント

これまで見てきたように，日本には過去に二度，Web3.0という概念に接する機会があった。具体的にはクラウド＋AI技術によって，他者との関わりのなかで「自らの思いや行動の根源を成すアイデンティティをどのように保てば良いのか」について瞬時に計算する方法であったり（第一のWeb3.0により実現される計算機世界），スマートコントラクトを用いて関係者それぞれの多様な価値観にもとづきインセンティブが個別最適化され，行動評価がなされる計算方法であったり（第二のWeb3.0により実現するフェアで透明性の高い社会）といったように，用いる技術・アプローチは違えども合意形成議論における目指すゴール概念には相通ずるものがあった。そしてWeb3.0概念の実現に向けた要素技術として，つまり多様性を認めあう社会の実現に向けた重要な社会インフラ技術として，ブロックチェーンに注目が集まるようになるのである。

（2）Webを上回るブロックチェーンの進化のスピード

前節にて概観したWebの進化の歴史において，ブロックチェーンの技術進化はどのように位置付けられるだろうか。一般的にビットコインに代表される暗号資産のための技術「ブロックチェーン1.0」時代から，フィンテックへの活用が可能となった「ブロックチェーン2.0」を経て，フィンテック領域以外への活用も可能となった現在の姿「ブロックチェーン3.0」へと，わずか10余年の間になされた技術進化の歴史について，本節では振り返りたい。

ブロックチェーン1.0－暗号通貨ビットコインのための要素技術

全てのノードが最新のコピーを互いに持ち合うことにより分散的に管理するという仕組み「ブロックチェーン」は，ビットコインを支える技術として2009年に稼働を開始する。データの真正性をネットワーク参加者が皆で保証することによってデータの存否や改ざんの有無を証明できるこの革新的な技術は，中央集権的な方法に依らずにネットワーク参加者同士で「誰が誰にどのような情報を送信したのか」というやりとりを信用せしめることができ，よって分散的なネットワーク上での価値移転が可能となった。多くの日本人がイメージするブロックチェーンは，金銭の受け渡しを目的とする電子取引システムとして専ら暗号資産ビットコインのやり取りに用いていた初期段階のブロックチェーン適用モデル「ブロックチェーン1.0」の理解から未だ更新されていない可能性が高い。

ブロックチェーン2.0―イーサリアムの登場とスマートコントラクト

2013年のイーサリアム（Ethereum）の登場にともない銀行業，証券業，保険業などの金融関連プラットフォーム事業者，いわばフィンテック企業を中心に，通貨取引以外にも適用範囲を拡大させていく動きが加速していく。Web2.0との融合モデルとしてブロックチェーンを分散型プラットフォームとして用いることで，「資金決済」，「証券決済」，「クロスボーダー決済」といった金融分野にもブロックチェーンの適用範囲が拡大していく時代を捉えて「ブロックチェーン2.0」と呼ぶ。

ブロックチェーン2.0時代のブロックチェーン利活用事例としては，貿易金融分野でIBMが海運会社のMaerskと共同で設立した「Trade Lens」というプラットフォームが代表的である。当該プラットフォームではブロックチェーンの利点の一つである情報の共有性に注目し，貿易金融に関する情報を適切なアクセス制御をかけつつ，関係者間で共有可能な仕組みとした。その際，国際貿易にかかる紙ベースの事務処理にもメスを入れ，船舶や物資の状況など海運に関する情報を関係先間で共有可能としたことで，取引相手に信用を寄せられない場合にあって，ブロックチェーンの有効性が示された。翻ってこの取り組みは，ネットワーク参加者同士の信頼関係があらかじめ成立している場合には，ブロックチェーンを採用する必然性が問われることを示したとも言えるだろう。

この頃から日本のIT界隈では「Why Blockchain?」というフレーズがにわかに聞かれはじめる。これは，既存システムをブロックチェーンで再構築することが一種のトレンドとなったブロックチェーン2.0時代にあって，そのような世間の風潮に異議をとなえる動きであり，ネットワーク参加者が互いに信用ならない関係であったり，やり取りされる情報の信頼性が担保されていない状況であったりすることをブロックチェーンの採用要件とすべきであるとする考え方である。その基準に照らせば，当時話題となったシンジケートローン（大手金融機関がシンジケート団を組成し協調して融資を行う資金調達手法）へのブロックチェーン適用事例など，一定の与信がメンバー間であらかじめ共有できている場合には，ブロックチェーンを用いる必然性が見出せないということになる。

なお，イーサリアムネットワークでは，取引の内容をユーザ自身がプログラムすることや，契約書そのものを自分で設計することができる。これにより金銭だけでなく，どんなものにも価値を持たせることができるようになった。Web2.0ではSNSやニュースサイトなどのプラットフォーム事業者を通じて様々な情報がやり取りされるが，それらの情報はあくまでも電子データの域を出ず，手で触れられるような実在感はない。しかしイーサリアムを用いることで，ネットワーク上のデータはそれぞれコピーの効かないオリジナルなものとして（これをNFTと呼ぶ）存在させられるようになり，電子データを現実世界でも価値あるものとして扱うことができるようになる。この特徴により，ブロックチェーン

2.0 は Web2.0 世界を牽引するプラットフォーマー全盛期にあって，彼らとの共存も可能なかたちでブロックチェーン実装が進められた時代と捉えることもできるだろう。

ブロックチェーン 3.0 ― 中央集権から自己主権へ

2020 年 6 月，内閣府は「第 4 回デジタル市場競争会議」を開催し，デジタル広告市場の競争評価の中間報告（案）を公表。ここ数年の動きとしてメガプラットフォームによる中央集権型ではなく，ブロックチェーン（暗号技術）等を活用して個人や法人が自らデータを管理し，メガプラットフォームが介在しない分散型の Web を実現するといった動きの色彩が強くなっていることに触れ，目指すべき方向性として，中央集権型のデータのガバナンス構造から「データへのアクセスのコントロールを，それが本来帰属すべき個人・法人等が行い，データの活用から生じる価値をマネージできる仕組み」の構築（「データ・ガバナンス」のレイヤーの構築）を図ることでデータ社会における「信頼」を再構築すべきとする提言を行った（図 13 － 4 参照）。

社会の Transparency（透明性）や Rights Management（権利管理）を求める声の高まりを受け，Web2.0 世界において個人情報の帰属先であったメガプラットフォーマーによる中央集権型の管理を見直し，自己主権型・自己裁量型の管理への転換が叫ばれはじめた。あわせてブロックチェーンの利活用形態も，それまでのメガプラットフォーマーとの共存を前提とした実装モデルから，個人がデータの裁量権を発揮する新たな実装モデルへと変化の兆しを見せ始めている。ブロックチェーン特有の機能（P2P，スマートコントラクト，Proof of Existence など）を用いて Web3.0 世界におけるフィンテック領域以外でのブロックチェーン利活用の動きを捉えて，ブロックチェーン 3.0 と呼ぶ。

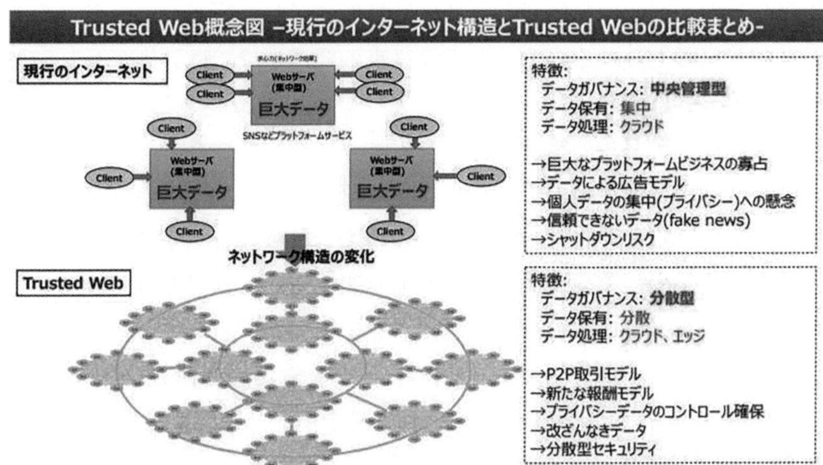

図 13 － 4　現行のインターネット構造との比較（内閣官房デジタル市場競争本部作成）
出典：第 4 回デジタル市場競争会議配布資料（内閣府，2020 年 6 月）

Web3.0/Web2.0 とブロックチェーン 3.0

たとえば，音楽が再生された時点でスマートコントラクトを起動し，著作権の支払いを仲介者なしにアーティストに直接送信する試みを例に，ブロックチェーン 2.0 と 3.0 の差異をみてみよう。Web2.0 ではプラットフォーマーが胴元となり，ユーザから楽曲使用料を徴収し，アーティストに支払うといったブロックチェーン 2.0 スキームによる事業モデルも考えられるが，Web3.0 では当該ユーザーが信頼を寄せる人物が特定の場所・特定の時間に聴いていた曲，といったコンテクスト（文脈）が，当該ユーザにとって楽曲それ自体の価値を上回る付加価値を有している場合のように，ブロックチェーン 3.0 スキームを用いることで，当該ユーザに影響をあたえたインフルエンサーや時間や空間の構成に貢献した企業などにも楽曲の提供者と同様に影響度に応じた報酬が還元されるモデルなどが考えられる。そのような従来の経済指標では評価が難しい外部経済（／外部不経済）を取り込んだブロックチェーン3.0スキームに基づくユースケースの検討が行われるようになってきた。

ほかにも，高速道路の合流地点などで譲り合った車同士がプラットフォーマーによる仲介なしにデータ（この場合は感謝を示すメッセージなど）の交換と少額の謝金決済を行う取り組みなども検討されている。さらには，ドローンによる配送サービスや空飛ぶタクシーなど，空中交通システムの管理管制にもブロックチェーンを適用する研究などがあり，こうした事例がブロックチェーンの利活用を前提として検討されている。なお，その背景には，センサーエコノミー等を支えるIoT端末の増加により，従来の中央集権型のデータ流通モデルでは中央サーバーがボトルネックになってしまい処理が追いつかないといった懸念があるためである。そのような情報流通における可用性の視点でも，ブロックチェーン3.0モデルでの実装事例は今後増えてくると考えられる。

（3）ブロックチェーン3.0の未来形

ブロックチェーン3.0で注目されている領域には本書にも事例が並ぶ「Traceability（履歴追跡）」「Tokenization（トークン化）」「Self-Sovereign Identity（自己証明型身分証）」などが挙げられ，暗号通貨（ブロックチェーン1.0）や金融分野（ブロックチェーン2.0）での活用にとどまらず，非金融分野を含むブロックチェーンの幅広い適用領域が捉えられている。前節にて触れた2つのWeb3.0世界における最先端のブロックチェーン適用領域としては，ヒト・モノ・電子データ（デジタルコンテンツ）相互の関係をスマートコントラクトを用いた契約の自動執行の仕組みによってリアルタイムにトレースし，関係者それぞれに個別適合されたユーティリティトークンをインセンティブとして発行することによってゆるやかに最適行動へと導くといった，自己主権型IDによるアプリケーション横断型のサービスモデルも検討されはじめている。

また，ブロックチェーン3.0がもたらすP2P型の与信認定モデルは，中央集権的な収益構造が成立している事業領域において特に脅威となる。たとえば後章にて触れる有機農産品のトレーサビリティサービスの場合，一般的な中央流通では差別化が難しい作物の生産過程が閲覧可能になることで，消費者は生産者がどのような方法で生産を行なったのか，どのような流通過程を経て届けられたのか，そういった舞台裏を知ることができる。生産者の誠意や情熱といった外部経済／外部不経済の領域に価値を見出す消費者や，環境意識が高く食味よりも自然生態系や環境への配慮度を意識する消費者など，中央流通が用いる従来の評価尺度（品種やサイズ，産地などによる峻別）では見極めが難しかった価値を，その商品に見出すことになるだろう。

さらには，人の行動履歴をブロックチェーン上に記録しておき，その履歴自体に資産価値を持たせることも可能となる。上述の有機農産品のトレーサビリティサービスの場合，信念をもって生産活動を続ける生産者や，その生産哲学を“エシカル消費”という選択的購買行動を通して支援している消費者は，ともに価値観を共有するコミュニティにおいて一定の与信を獲得することになる。生産者は環境配慮に長けた生産者として，消費者はエシカル消費者として，個のブランドが形成されていくのである。また，筆者らが進めている受験プロセスの民主化・透明化に向けた取り組みでは，受験生は入試による学力の証明だけでなく，過去に参加した課外学習の履歴やボランティア活動の取り組み履歴がトークンによって証明され，（同じ活動に参加した）他生徒や（教員資格を有しない）指導者との相互認証によって，従来の入試だけでは証明が難しかった将来のキャリア適性や社会課題へのコミットメント・熱量について中央集権的な機関を介さず自己与信の一部として受験する学校や希望する就職先などへ開示できるようにすることを目指している。

本章では，Web1.0 に始まるインターネット史を概観するとともに，ビットコインに代表される暗号通貨のための技術「ブロックチェーン 1.0」時代から，フィンテック領域への活用が可能となった「ブロックチェーン 2.0」を経て，Web の技術進化と社会の要請をともないフィンテック領域以外への活用が可能となった現在の姿「ブロックチェーン 3.0」へと，わずか 10 余年の間になされたブロックチェーン社会実装の歴史について振り返ることで，ブロックチェーンの「現在」について正しい理解を得られるよう試みた。

事業やサービスのもたらす効果・影響には，サービスを受ける人が直接的に得ることのできる便益に加え，サービスを受ける以外の人や，周辺の環境，さらには地球規模での環境にまで効果・影響が及ぶものがあるが，本章では後者のような効果・影響をサービス市場の外に波及する効果・影響という意味で，経済学用語である外部経済（／外部不経済）という言葉を用いて表現し，ブロックチェーン 3.0 が導く社会として「同じ価値観を有する他者」が金銭などの中間媒介物を用いることなく P2P で外部経済を評価可能となる世界として捉えている。

注意すべきは，Web2.0 から Web3.0 への移行は，Web1.0 から Web 2.0 への移行時のように必ずしも直線的かつ不可逆的なパラダイム転換とはならず，世界的な制度強化に伴う企業の情報管理コストの増加や個の自己裁量の拡大を背景に，GAFA をはじめとするプラットフォーマーの事業スキームとして（おそらくそれは Web3.0 のフェデレーションの一部として）Web2.0 世界は規模を縮小しつつも残り続けるということである。つまり，本書にて取り扱うブロックチェーン3.0の各社会実装モデルに関しても，当然にWeb3.0世界において展開されるものではあるものの，そのWeb3.0世界の一端はWeb2.0のプラットフォーマーとの共存モデルとして，即ちその場合はブロックチェーン2.0のスキームにて構成されるものであるということに留意されたい。情報通信インフラ技術の更なる発展とIoT端末の爆発的な普及によって本格的なセンサーエコノミーが到来し，人々がWeb2.0世界の必要性を感じなくなるには，まだ相当の年月を要するものと思われる。

なお，ブロックチェーン3.0が導くアプリケーション横断の世界で重要となるのは，本章でも触れたDIDやFIDOといったネットワーク参加者相互のIDを認証するための国際規格の議論であり，グループの内部で，あるいはグループ同士のあいだでの協力関係を容易にするルールや価値の共有をともなうネットワークとしての社会関係資本の議論であろう。また，Webの進化にプロトコル技術が大きく貢献したように，ブロックチェーンのこれからの進化においても，後章にて触れるヒト・モノ・電子データ（デジタルコンテンツ）に共通して用いられるプログラム可能なID：PID（Programable ID）など，新たなプロトコル技術の登場が待たれる。読者諸氏には本書を通じて，未来のWebやブロックチェーンが導くトークンエコノミーの姿を展望され，さらなる議論を進められることを祈念する。

参考文献

[1] Suzuki, J., & Kawahara, Y. (2021, April). Blockchain 3.0: Internet of Value-Human Technology for the Realization of a Society Where the Existence of Exceptional Value is Allowed. In International Conference on Human Interaction and Emerging Technologies (pp. 569-577). Springer, Cham.

[2] 鈴木淳一. ブロックチェーン 3.0 ～国内外特許からユースケースまで～：エヌ・ティー・エス；2020.

[3] 山田勇，赤嶺淳，平田昌弘. 生態資源：昭和堂；2018.

1. 20年後のまちでは，どのようなICT都市インフラが求められるか考えてみよう。
2. テクノロジーの進化によって，個人与信や物品の価値方法はどのように変わるか考えてみよう。

14 実空間に浸透するブロックチェーン2

鈴木淳一

《目標＆ポイント》 Web空間における価値観同定技術としてのブロックチェーンの登場により，Web3.0やSSI（自己主権型ID）という概念が現実味を帯びてきた。実績は実空間と仮想空間（メタバース）を横断して蓄積・参照され，プラットフォームに依存しないアイデンティティ形成が進むと予想されている。そこでは，メタバースでの実績を与信として実空間で活用したり，実空間での実績をメタバースにて活用することも可能になるだろう。本章では，その中核技術と位置づけられるパブリックブロックチェーンやNFTについて，それらが望まれる時代背景とともに解説する。
《キーワード》 ブロックチェーン，Web3.0，SSI，価値のインターネット，トレーサビリティ，NFT，Discord，DAO，Bored Ape Yacht Club（BAYC）

1．ブロックチェーン2.0

（1）ブロックチェーンの種類

ブロックチェーンは「パブリック型」と「プライベート型」に大別される。パブリック型ブロックチェーンは完全にフラットな関係性のうえで成り立つことが多く，その場合は変更権限を一部の参加者に付与することが仕組み上不可能なことから，民主的な合意形成のプロセスが求められる領域こそ親和性が高いとされ，その特徴に沿った利活用検討が進められている。一方，プライベート型ブロックチェーンには管理者が存在し，参加者を限定したり，コンピュータやネットワーク環境のスペックを管理者の意向でダイナミックにアップグレードしたりすることが可能な反面,「匿名性」や「公知性」でパブリック型に劣後する。

また, ブロックチェーンを把握するうえで重要となるのが, 分散データベースと合意形成プロセスに対する理解である。合意形成は「マイニング」とも呼ばれ, 次にデータベースに書き込む情報を特定する技術的プロセスを指す。中央管理型のデータベースでは, 管理者が誤らない限り, データは整合性をもって更新され, また1つのデータベースのみ更新すれば良いため, 大量の取引を高速処理することが可能である。一方ブロックチェーンでは, 取引情報は分散されたデータベース上に複数同時に存在するため, 適切に同期をとり更新作業を行わなければ, 一部のデータベースのみ取引情報が更新され, その他のデータベースでは更新されない事態が生じてしまう。そこで, 各データベースを整合的に更新するための「合意形成」プロセスが必要となる。

特にビットコインやイーサリアム等のパブリック型ブロックチェーンは誰でも分散データベースの維持管理作業に参加できるため, 取引データ記録時に改ざんデータの記録を試みるような悪意あるユーザが紛れていても正しくデータ記録が行われる（真正なデータのみが記録される）ように, 合意形成に10分以上の時間を要すつくりになっている。この点, 分散データベースの維持管理作業への参加者を限定し, 合意形成プロセスにかかる時間を短縮したプライベート型ブロックチェーンであれば, かなりの高速化も可能である。また, プライベート型ブロックチェーンはデータの参照範囲を運営者に限定することが出来るため, 金融機関が主導するコンソーシアム等ではプライベート型にて検討される事例が多い。

なお, 後節にて例示する宮崎県綾町での実証実験では, プライベート型ブロックチェーンを用いてスピードを担保しつつ, エストニアにて運営されるパブリックチェーンを用いてトレーサビリティの真正性を担保したハイブリッドモデルであるが，一部にプライベートチェーンを用いており，綾町役場というトラストアンカーが存在することから，前章にて定義した「ブロックチェーン2.0」の実装例となる。

（2）ブロックチェーンの特徴を活かして地方創生を支援する実証実験

2016年，ISIDオープンイノベーションラボはシビラ社と共同でブロックチェーン技術を活用して地方創生を支援する研究プロジェクト「IoVB（Internet of Value by Blockchain）」を開始。第1弾として，ブロックチェーン技術を活用して有機農産品の価値を公正に評価する仕組みの構築を目指す実証実験を宮崎県綾町にて実施した。

実験の舞台となった綾町は，1988年制定の「自然生態系農業の推進に関する条例」のもと，食の安全を求める消費者のため厳格な農産物生産管理を行っており，同町の有機農産品には，独自の農地基準と生産管理基準にしたがって「金」「銀」「銅」のランクが付与され販売されている。慣行農法に比べて圧倒的な手間隙を要する有機農法に取り組む綾町だが，

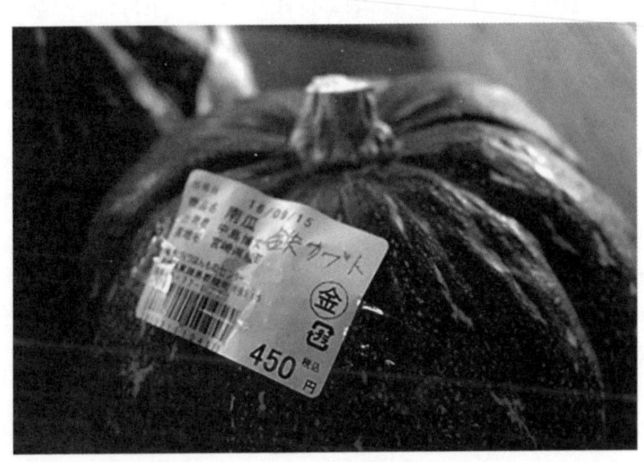

図14－1　厳しい基準をクリアした綾町野菜には「金」マークが与えられる

本来は販売価格に反映されるべきプレミアム（付加価値相当）が付与されぬまま近郊マーケットに向けて出荷されており，そこにいたるプロセスや価値が，消費者には十分に届いていないという課題があった。

本実験における検証ポイントは主に2点。1点目は，生産管理情報をブロックチェーンで実装することによる効果の検証である。綾町の各農家は，植え付け，収穫，肥料や農薬の使用，土壌や農産物の品質チェックなどを，綾町の認証のもと実施しており，実証実験では，それらすべての履歴を，データベースとしての堅牢性・パフォーマンスとデータのトレーサビリティに優れるシビラ社のブロックチェーン製品 Broof を活用して構築するブロックチェーン上に記録。綾町はこのプロセスを経て出荷される農産品に，独自基準による認定を裏付ける固有 ID を付与し，消費者はこの固有 ID を照合することにより，その農産品が間違いなく綾町産であること，綾町の厳しい認定基準に基づいて生産されたものであること，それらの履歴が改ざんされていないことをインターネット上で確認することが可能となる。

ブロックチェーンによるこの公証の仕組みが，消費者の購買行動やブ

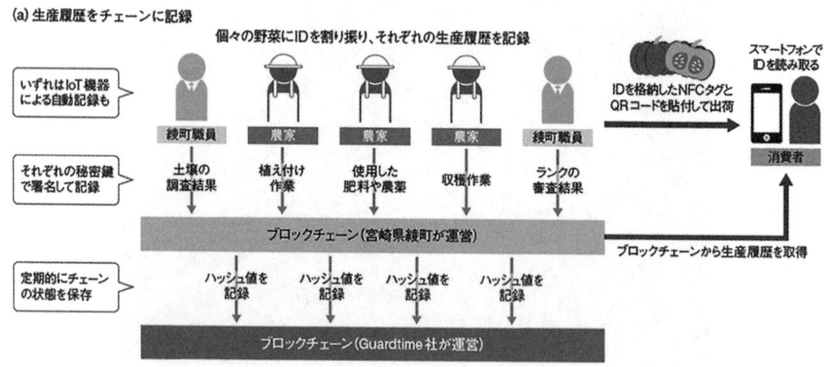

図14－2　宮崎県綾町の有機野菜を対象とするトレーサビリティ実証実験の概要

ランド・ロイヤルティに影響を与える可能性があるか，また，仕組みの運用が地方自治体にとって無理のないレベルであるかを検証した。

2点目は，ブロックチェーンの信頼性担保である。前述の通り，今回の実験で生産管理情報を登録するブロックチェーンは，綾町が運営・管理する「プライベート型」のブロックチェーンであり，このブロックチェーンを，ガードタイムが提供するブロックチェーンKSI（Keyless Signature Infrastructure）と組み合わせることで，情報の信頼性をさらに高めた仕組みとした。IoVBでは，この2つのブロックチェーンで正当性を保証する仕組みを，PoP（Proof of Proof）と定義し，その実効性について検証を行った。

なお，販売されるすべての野菜にNFCタグ付のQRコードを付与することで，消費者はスマートフォンをかざす（またはQRコードを読み取る）ことで，事前にアプリのインストールを求められることなく綾町の生産者や有機農業開発センターにて日々記録された生産履歴情報を個

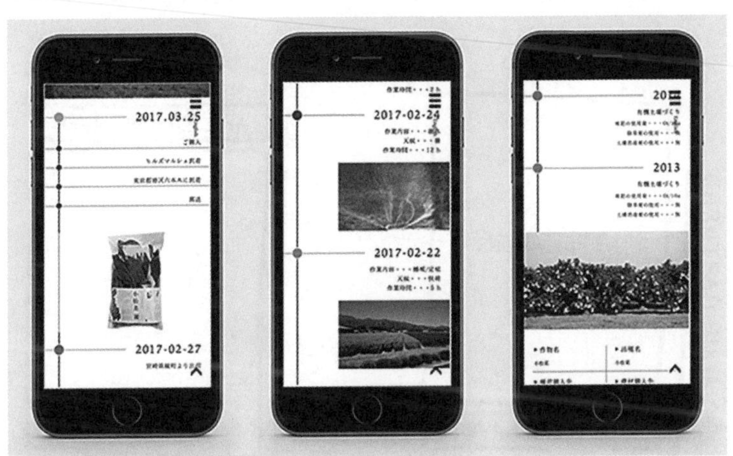

図14－3　スマートフォンで確認できる産地情報や生産プロセスの画面イメージ

包装の単位で確認できる仕組みを採用し，負荷軽減のため各作業者専用の「FeliCa Lite-S カード（非接触 IC カード）」を配布し，専用端末にかざすだけのシンプルなログイン方法とした。本実証実験では，データを複数のブロックチェーンに分散保存し，それぞれのブロックチェーンのデータの信頼性，および分散保存されたデータの順序を保証する仕組みとして PoP を定立，その実装には外部環境で稼動するブロックチェーンとしてガードタイムの KSI を利用したことで，プライベート運用されているブロックチェーンの弱点を PoP により補うことの可能性が実証された。

2. ブロックチェーン 3.0

（1）Fat Protocol と NFT

Web3.0 環境における，プロトコル層とアプリケーション層の関係は Web2.0 以前と対照的であり，Web3.0 時代の価値の源泉はプロトコル層

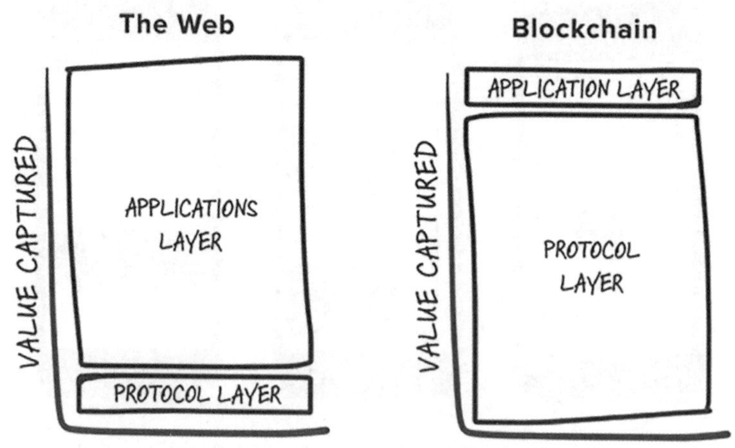

図 14 − 4　The Fat Protocol の概念イメージ

に集中するものと考えられている。GAFAを筆頭にWeb2.0時代に価値アプリケーション層であるが，Web3.0においては全体のほんの一部の価値しか分配されないのである。すでに社会実装が完了しているパブリックチェーン「ビットコインネットワーク」の時価総額は約100億ドルであるのに対して，その上に構築された最大の企業価値はせいぜい数億円程度とされる。同様に，イーサリアムは，公開からわずか1年で時価総額が10億ドルに到達したが，その当時まだブレイクアウト・アプリケーションは一つも存在していなかった。

また，同じトークンの集合体であるFungibleトークン（いわゆるFT）は，USドルのようにどのドル紙幣を持っていてもかまわない（同じように機能する）という意味で互換性があるトークンであり，単語Fungibleは「交換可能」を示すために用いられる空想の言葉とされる。一方，Non-Fungibleトークン（いわゆるNFT）とは，ブロックチェーン上で鋳造されたユニークな（一意に識別可能な）トークンのことを指

図14－5　Beeple, Everydays - The First 5000 Days

し，無形資産と説明される。例えるなら，NFT は実空間における土地の権利書のようなイメージに近い。

Beeple（ビープル）はアーティスト Mike Winkelmann 氏が数年かけて毎日描いたスケッチを集めたデータ群だが，ローファイな初期のインターネットの美学としてクリスティーズのオークションにかけられ，6900 万ドル（約 75 億円）の値を付けた。これにより，Beeple は世界で最も価値ある存命アーティスト 3 人に名を連ねることとなった。

（2）Bored Ape Yacht Club（BAYC）事例から Web3 時代の NFT を見通す

BAYC のキャラクター Bored Ape は，2021 年 4 月に Yuga Labs というスタートアップが立ち上げた Non-fungible Token（NFT）の集合体。1 万匹の猿が，それぞれ固有の顔と衣装を持ち，個別に所有できるようにした NFT プロジェクト。個々のトークンは大きなコレクションの一部でありつつも，それ自身のユニークな特性もあわせ持っている。クラブの会員証を兼ねており，所有者は会員限定の特典（クラブのメンバーが 15 分ごとにピクセルの色を変えることができる落書きボードが楽しめるバスルームと，一部のゲート付き Discord チャンネル）にアクセス

図 14 － 6　Bored Ape Yacht Club（BAYC）

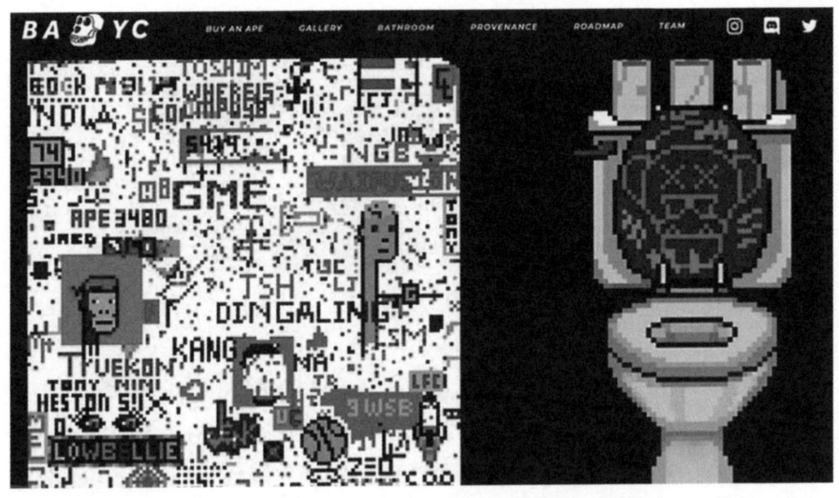

図14－7　Bored Ape Yacht Club（BAYC）保有者限定のバスルーム

することができるようになる。BAYCのNFT(暗号資産)を保有する人々は自らを「クリプトコミュニティ」の一員と呼んでおり，同コミュニティのなかでもBAYCのNFTを保有する者を「エイプ」と呼ぶことで，進取の気性や先端テクノロジーに対するアーリーアダプターというポジティブな意味で，親しみを込めて用いている。同じ志を持つBored Apeの愛好家たちはいわば「エリート・デジタル・クラブ」の会員として，コミュニティ・スペースDiscordに集い，交流を重ねている。

Bored ApeのNFTを所有すると，そのエイプの知的財産権（IP）を100％取得でき，報酬を得ることができる。つまり，その猿をベースにしたNFTを作ったり，自分の猿を主人公にしたアニメを作ったりと，夢のあることが自由にできる。ある人は，ニューヨークのあちこちに自分の猿のビルボードを立てていたり，ある人はNFTのキャラクターを使ってビデオ制作をしたり，Tシャツをプリントして販売したりしてい

図 14－8　ユニバーサルミュージックのバーチャルバンド「KINGSHIP」

る。一匹の NFT の価値が上がることで，一匹の猿の利益にとどまらず，同じ BAYC シリーズの残り 9,999 匹の NFT の価値にも影響するため，NFT の保有者はイベントの開催や物販において互いに協力しあう関係となっている。

U2 やマドンナのマネージャーである Guy Oseary は，Yuga Labs のコレクションから 4 体の Apes を集め，NFT スーパーグループ KINGSHIP という名のバーチャルバンドを結成した。このバンドは，ユニバーサルミュージックのサブレーベルと契約し，実在のミュージシャンと同じように，ストリーミング・プラットフォーム用に音楽を録音し，メタバースで演奏している。NFT とエンターテインメントシーンの境界線は曖昧で，音楽プロデューサーのティンバランド氏は BAYC をベースにした音楽レーベル Ape-In Productions（AIP）を立ち上げ，選ばれた Bored Apes をメタバース内の音楽アーティストとして起用。AIP のメンバーは，オリジナルの音楽やアニメーションを NFT としてメタバースで発表している。

多くの場合，アーティストにとって最も難しいのは，オーディエンスを作ることだが，AIP のように Bored Apes を中心にコンテンツを作ることで，アーティストの成功に関心を持つ（そして金銭的なインセンテ

図14－9　SNSのアイコンをBored Apeに変える人々

ィブを持つ）コミュニティをすでに持っていることになり，成功への大きなアドバンデージとなっている。

Bored Apeの大きな魅力は，アバターとして使えること。多くのオーナーがTwitterやWhatsApp，さらにはLinkedInの表示画像を自分の猿に変えており，急成長するメタバースで自分の外見を表現する一部となっている。最近では，addidas Originalsがapeに「Indigo Herz」と命名，BAYCとのコラボレーションを通じて，メタバースの世界に本格参入することを発表した。特定の猿の画像に対する基本的な知的財産権を買うということでもあり，漫画，映画，テレビ，企業に画像をライセ

図14－10　Bored Ape Kennel Club（BAKC）

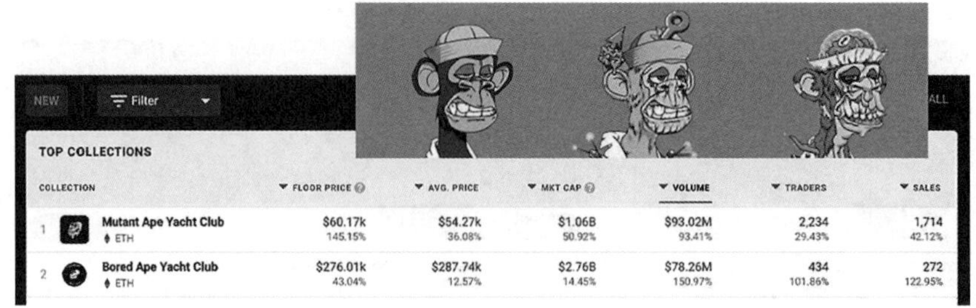

図 14 － 11　Mutant Ape Yacht Club（MAYC）

ンスすることで資本化する人が増えている。誰かがコミックシリーズを作ったり，映画や楽曲を作ることで，突然，ネットワーク全体に価値を生み出すことになる。

また，BAYC は Bored Ape Kennel Club（BAKC）を立ち上げ，エイプを保有する全員に期間限定で Bored Ape のペットとして子犬の NFT を無料で追加発行した。子犬は売り物ではなく，イーサリアム手数料（ガス代）のみを支払うことで里親になることができる。その後，Bored Ape Kennel Club はセカンダリーセールスで 9,200 万ドル以上で売買されている。

さらに，BAYC は 2019 年 8 月に「Mutant Ape Yacht Club」を開始。最大 2 万匹のミュータントエイプの集合体で，Bored Ape との違いは，Mutant Ape は既存の Bored Ape にミュータント血清の小瓶を浴びせることでしか作れないということ（Bored Ape 保有者なら無料で追加できる）。もしくは，オークションで購入するという方法もあり，Mutant Ape NFT はわずか 1 時間で完売。その後 Mutant Ape Yacht Club はセカンダリーセールスで 2 億 9000 万ドル以上で売買されている。

Bored Apes Yacht club は，今では現実世界の個人と紐付けられ，さまざまな都市で会合を開いている。そこでは個人が自身の美的センスや

図14－12　Bored Apes Venice Meetup

政治的立場，食や空間の選好などについて表明する#ApesTogether Strongを合言葉とするコミュニティが形成されており，ブロックチェーン認証を用いた新たな文化を創造しつつある。2021年7月，ベニスビーチの中心地 Windward Avenue沿いにあるNFT専用のギャラリー，

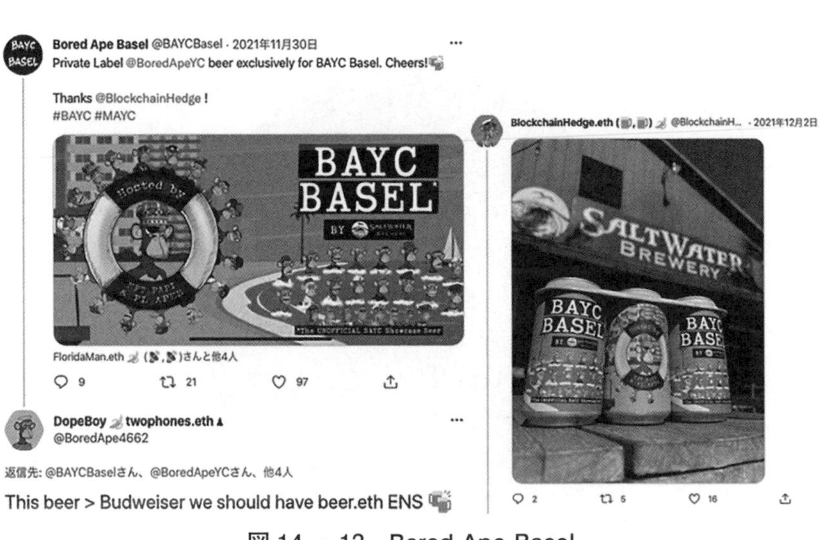

図14－13　Bored Ape Basel

Bright Moments Gallery にてBAYC保有者限定のミートアップが開催され，75人が参加。参加者全員にProof of Attendance Protocol（POAP）として出席証明バッジ（ERC-17トークン）が配られた。また，2021年10月31日から1週間，ニューヨークで第1回Ape Festが開催され，世界中からBored Ape保有者が殺到。最終日の11月6日にはVIPチャリティーディナーとしてオークションへの参加者のみが招待され，売上はすべてチャリティーに寄付された。Ape Fest期間中は物販，音楽，フードトラック，アーケードマシンを完備したマーチャントポップアップイベントが続き，11月3日のWarehouse Party At Brooklyn Steel参加者にはProof of Attendance Protocol（POAP）として出席証明バッジ（ERC-17トークン）が配られた。

アートバーゼルでは，Bored Ape保有者向けのライブペインティングセッションや記念ビールが配布されるなど，アートバーゼルへの参加には敷居の高さを感じる向きにも，クラブメンバーであることで心理的

図14－14　adidas Originals

な負担を軽減している。

adidasのスポーツ系のタウンウェアブランドである「adidas Originals」は，2021年11月に専用サイトにイーサリアムのウォレットアドレスを入力することにより無料で入手可能なNFTバッジ「POAP」を同社イベントへの参加証明として数量限定で無料配布。また，同社メタバースへの限定アクセス権と同メタバース内で着用できるパーカーをNFTとして発行した。生成された3万点のうち，同社保有分を除く29,620個は完売し，現在購入可能なものはNFTプラットフォームのOpenSeaで二次流通しているもののみとなっている。なおadidasは2022年3月から，NFT所有者に対して追加費用なしで物理的なアイテムを再購入できる権利を付与する予定である。

イーサリアムを基盤とした仮想空間とNFTを組み合わせた分散型のVRメタバース「Decentraland」では，NFTの特徴を生かし，複数のNFTゲームとの提携を行うことで，NFTであるアイテムやキャラクターの互換性を持たせるといった展開も進めている。BAYCエイプの所有者であれば全員Decentraland内で着用できるパーカーが配布されて

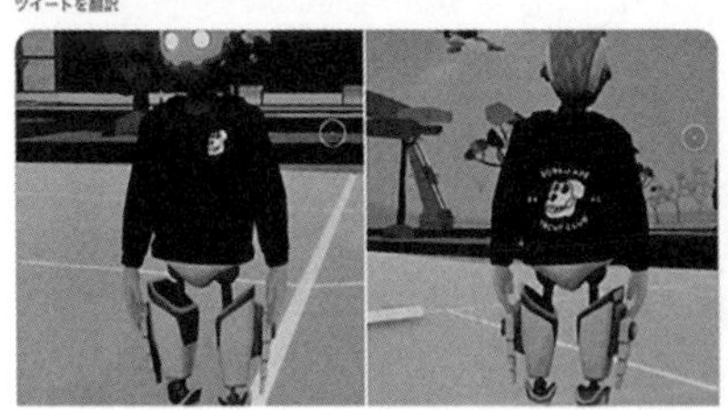

図14－15　BAYC in Decentraland

いる。

Decentralandのユーザは LAND と呼ばれる NFT 化された土地（仮想空間）をアバターとなって探索できるほか，アバターのファッションや LAND 上に設置されるオブジェクト（ゲームやバーチャルカジノなど LAND 上での体験や自分で作成したコンテンツなど）を課金コンテンツ（NFT）として作成可能。人気コンテンツや限られた LAND の所有権は，高額で取引されている。

これまで見てきたように，NFT は単に所有欲やコレクターとしての収集癖にかなうもの，といった局所的理解では実態を捉えられない。NFT は自ら編み悦に入る対象ではなく，パブリックへの公開を前提として，ビューアも多数存在する。そのためどのような NFT をウォレット（NFT が格納される場所をこう呼ぶ）に揃えているのか（自分は何が好きで，どのような実績があるかなどを示すことで）当人の価値観や帰属コミュニティを明らかにすることができる。Ape のような一連のシリーズ NFT の場合は，保有者同士が相互に価値を高めあおうとするインセンティブが働きやすい。

図 14 − 16　自分だけの美術館を作ることが出来るサービス「CYBER」

仮想のVR空間上に自身の所有するNFT画像等を設置して，自分だけの美術館を作ることが出来るサービス「CYBER」では，自身のウォレットを接続して，あとは任意の場所に配置していくだけで立体物も動くモノも飾れ，音楽も流せる。個人のコレクションやクリエイターが自らの作品の展示室として利用されている。

クリプトポッドキャストも開始，その番組のゲストやスタッフ，そしてリスナーたちにNFTが配られたり，古くから聴いてくれているベテランリスナー専用のバッジを付与したり，お便りコーナーでいつも取り上げられるハガキ職人に対してオリジナルのバッジを与えるなど，配信者にとっての感謝の気持ちをNFTで表現されている。Podcastのリスナーをdiscordというチャット・コミュニティスペースサービスに呼び込み，番組についてディスカッションすることもでき，discordではコミュニティ内で通用する「通貨」を作ることも一般的。たとえばPodcastリスナーが他のリスナーに操作方法を教えてあげた時などに報酬として

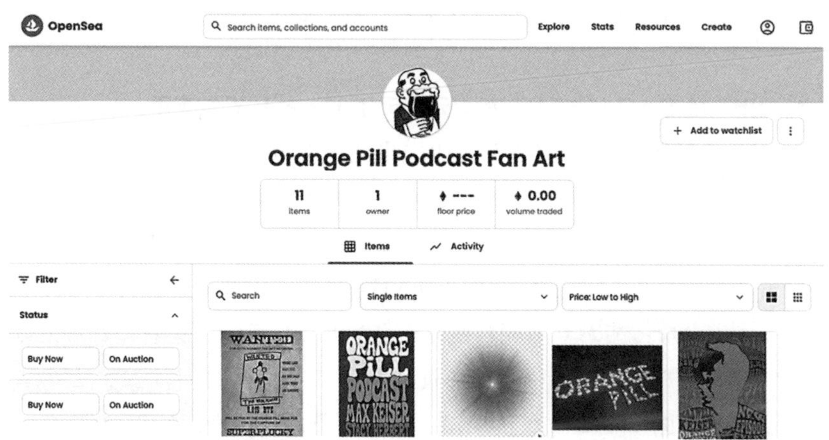

図14－17　ポッドキャストのリスナーにNFTを配る配信者も

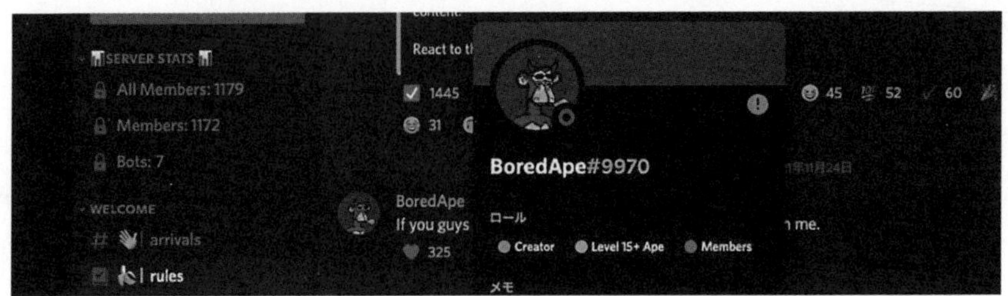

図 14 − 18

付与されるものもある。Podcast リスナーだけのコミュニティ内で各人がどれくらい助け合っているかを知ることができるツールとして利用されている。

また，discord では NFT 保有者には特別な権利が与えられることも。例えばチャンネルにいつもメッセージを送って話題提供してくれるリスナーや，開始当初からずっと聴いてくれているベテランのリスナーなど，チャンネルでの貢献実績に応じ様々なバッジ（どの NFT を持っているかによって discord チャットスペースでの名前表示色や字体を変えることができる）を発行することでコミュニティ形成が進む。

（3）NFT は DAO におけるアイデンティティとしても有用

BAYC の事例からは，NFT は販売事業にあらず，権利として多様なロイヤルティが用意されているユーティリティ事業であったり，NFT を軸とした共創型のコミュニティ事業という捉え方が適切であろうことが理解できただろう。しかし国内の NFT は大半が販売を目的とした事業スキームとなっており，売れ残りが発生している。事業者にとっては新しいデジタル世界における無形資産としての NFT を用いて，どのような事業を展開することが自社にとって有望であるか，NFT やブロックチェーンの特徴をふまえた検討が必要である。

実は，BAYC NFTは初期の売り出しに失敗しており，わずか650台しか売れていない。その後保有者がDiscordに集い，みなが認知度を上げようと積極的に行動したことで，現在ではBored Apeのロゴは Twitterでのステータスシンボルにまでなっている。みなで一つのプロジェクトを成すことの価値をゲーム性／イベント性で高めることにより，個人のエフォートを引き出すことにつなげられるか，という視点が重要に。集団でチャレンジすることを通じて心の豊かさや達成感を生む「共行動効果」と，他者に見られる状況を作ることで緊張感・使命感を担保する「オーディエンス効果」をゲームルールに埋め込むことで，成功したと言えるだろう。

参考文献

［1］Suzuki, J., & Kawahara, Y. (2021, April). Blockchain 3.0: Internet of Value-Human Technology for the Realization of a Society Where the Existence of Exceptional Value is Allowed. In International Conference on Human Interaction and Emerging Technologies (pp. 569-577). Springer, Cham.

［2］鈴木淳一．ブロックチェーン3.0～国内外特許からユースケースまで～：エヌ・ティー・エス；2020.

［3］岸正真宙．アイリダ：世瞬舎；2022.

1．日常生活において経験した，優れたインセンティブ設計について考えてみよう。

2．あなたが参加しているコミュニティ活動において，新しいメンバーの獲得につながるロイヤルティプログラムについて考えてみよう。

15 ソーシャルシティとエコシステム

川原靖弘

《目標＆ポイント》 「ソーシャルシティ」によるセンシングやICTを活用した新たなまちづくりへの挑戦として，さまざまな研究事例や技術の仕組みをみてきた。まちの機能性ばかりではなく，まちづくりには，さまざまな主体とどのような社会的関係性や持続可能なシステムを築くかが問われてくる。この章では，まちが包含する主体として自然の構成物まで視点を拡げ，最新の事例を紹介することにより，ソーシャルシティを展望する。
《キーワード》 まちづくり，情報インタフェース，コミュニケーション，生態系，NbSシステム

1．ソーシャルシティとインタフェース

（1）ソーシャルシティと新たな都市形成システム

ソーシャルシティによるICTを活用した新たなまちづくりへの挑戦が，まちづくり政策の評価に革新をもたらす可能性を論じてきた。その論点は，これまで得られなかったまちで行動するまちの利用者のマイクロな行動データがリアルタイムで得られる可能性であった。とくに，生活者がまちなかでどのようなコミュニケーションや情報の相互作用を行い，どのような意思決定を行ったのか，そのマイクロな意思決定プロセスのデータが入手できる可能性である。これが可能となることによって，情報提供やマーケティング，プロモーションなどのソフトなまちづくり政策の効果が，個人レベルでリアルタイムにフィードバックされ，把握できることになるからである。

さらに，本書で強調してきたように，モバイルICTや情報化が進展し，SNSなどの情報基盤がクラウドコンピューティング化することによって，より効果的な人と人とのコミュニケーションや協働の可能性が高まってきている。

とすれば，次の展開は，まちの利用者のマイクロな意思決定プロセスのリアルタイムデータを用いて，まちづくり政策への個々の消費者のリアルタイムの評価を得る仕組み自体を，まちづくりのための社会的意思決定システムの中に組み込み，まちを形成，維持，管理，発展させていく都市形成システムとして組織化していこう，という試みにつながるはずである。

実際，TMO（Town Management Organization）が，さまざまな地域，地区で組織化されている。TMOのねらいは，まちづくりにかかわるさまざまな事業体を束ねながら，まちを一つの事業体とみて，まちの価値を高めるには，どのような戦略をとるべきなのかの戦略的タウンマネジメントを行う協働システムの役割である。しかしながら，現状では，そこまで踏み込んだ戦略的タウンマネジメントを行っているTMOはほとんど皆無といえる。それは，TMO自身の政策の効果を計測，評価するための情報の仕組みがないからである。

TMOと異なって，ソーシャルシティの試みの目新しさと可能性はその身軽さにある。関心や動機，選好を共有する，まちの仕掛人，運営者，来街者，消費者，居住者，あるいは，インフルエンサーが，互いにコミュニケーションと相互作用を行いながら，インターネット上に小さなネットワークを構成し，自分たちにとってのまちの価値を高める協働メカニズムを構成できることである。このようなマイクロで自律的な都市形成システムが，多元的，重層的に併存する仕組みがソーシャルシティによるまちづくりの特徴といえる。

ICT やスマートフォン, SNS などの技術の進展によって, 低コストで, 自分たちの関心にしたがって, マイクログリッドのように, より短期, より小地域, より小集団（グループ）でハード, 活動, 社会的意思決定の複合システムをマネージできるマイクロな都市形成システムを構成できる。

インターネットや情報というプラットフォームに, マイクロで自律的なまちづくり協働システムとしてのマイクロな都市形成システムが, 多元的, 重層的に併存する仕組み, これがソーシャルシティによるまちづくりである。

2. コミュニティ形成と情報の活用

（1）情報の享受とコミュニティ形成

これまで, まちやまちにいる人の状態などを, まちに埋め込まれた情報通信機器によりリアルタイムに把握, 管理を行い, 有効利用できることを述べてきた。例えば, SNS を用いて発信された情報がまちの情報として知人間で共有され, その情報をもとにまちが利用されることはよくあることである。さらに, このような情報をもとにまちを利用している人の状況（一人でいるか, 急いでいるかなど）が把握できれば, まちの情報システムがその人の利用に適切な施設の情報を提示し, その場所で人と人とのコミュニケーションを生じさせることができるかもしれない。

ここで, 社会的行動のモニタリング手法を用いた実験を紹介する（参考文献［1］）。自由に行動している旅行グループがグループ間で SNS を利用したとき, 旅行者それぞれが受信した情報について,「いいね」ボタンを押したか, 誰から送られてきた情報か, 誰が作成した情報かの 3 点を記録した実験である。その結果, 情報を送信した人に対して「いいね」をする割合（影響度）と，その人と一緒にいた時間の長さ（親密度）に関係があった。さらに，受信した情報を作成した人に対してよりも情報をダイレクトに送った（転送した）人に対して，その傾向が強いことがわかった（図15－1）（参考文献［9］)。この実験からは，一緒にいる時間が長い人（恐らく親しい人）から受信した情報は，社会的影響力があるので，「いいね」ボタンを押すという行動を引き起こしていると考えることができる。そして，直接的な情報の享受によりその影響力がさらに大きくなることをこの実験結果は示している。

このような社会的傾向をまちにおけるICT利用の仕組みにうまく応用することで，まちの活性化とコミュニティ形成の促進を実現できる可能性がある。例えば，より親しい人を経由してまちの情報を伝達することにより，多くの人にまちに興味を持ってもらうことができるだろう。また，まちに来た人の状況を加味して，まちの施設の情報を提示することで，その施設での人の交流が生じ，その交流が影響力を持つ情報伝達経路を生み出すことになる。このような，限られた空間において形成されるまちの利用の仕組みが，まちの活性化やコミュニティ生成に繋がっ

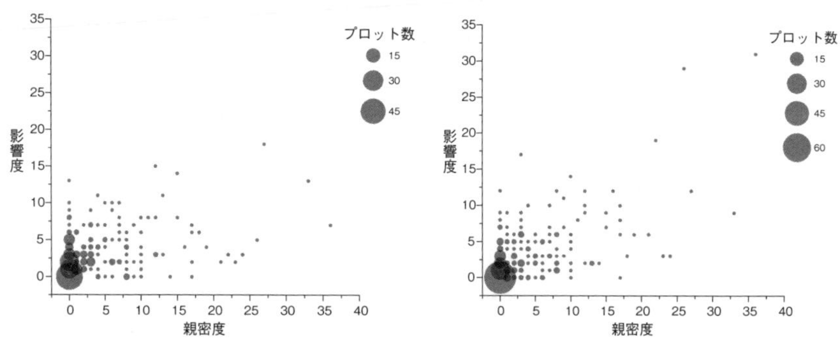

図15－1　親密度と「いいね」をする割合の関係
(左：情報作成者に対して，右：直接情報伝達者に対して)

ていくことが考えられる。

(2) まち空間における環境情報と行動変容

さらに，まち空間の刻々と変化する状況もまちの利用者の意思決定にもとづく行動に影響をもたらす。暑いときは涼しい場所で冷たい飲み物を飲みたくなるだろうし，人混みに疲れた時は静かな場所で休憩したいかもしれない。また，親しい人と日差しが強い中で談笑を長く続けることはあまり想像できないが，肌寒い空間で温かいお茶を飲みながら語り合う風景は目にすることがある。施設の有効利用の観点から，また交流スペースとしての利用の観点から屋外空間の利用が議論されており，屋外空間利用をどのように促進していくかという試みもある（参考文献[2]）。

屋内空間と比べて環境の変化が大きい屋外空間を心地よい空間として利用してもらうためには，その空間の環境情報（気温，日射，風速，うるささなど）と，利用する人のそのときの状態（代謝，一緒にいる人など）を把握し，予測される利用者の希望に添った屋外空間を案内することが一つの有効手段である。案内する場所の選択基準として，利用者の行動のコンテクストやそのとき置かれている社会的状況の変化が考えられ，ICT を利用したまちのインフラ整備により，このような情報を匿名環境で予測できるアルゴリズムをまちに実装できる情勢となっている。ここで，本書の冒頭で示した，ソーシャルシティにおいて想定される情報の流れを，再度図 15 － 2 に示す。ここで述べた社会空間と物理空間の情報がどのようにまちに取り込まれるかイメージできるであろう。まちの利用者それぞれに対し個別に有用な情報が提供され，現実のまち空間の利用者のフィルタを通した SNS の活用によるフィードバックが，人と人との交流や特定の状況において好まれるまち空間を生み出し，まち

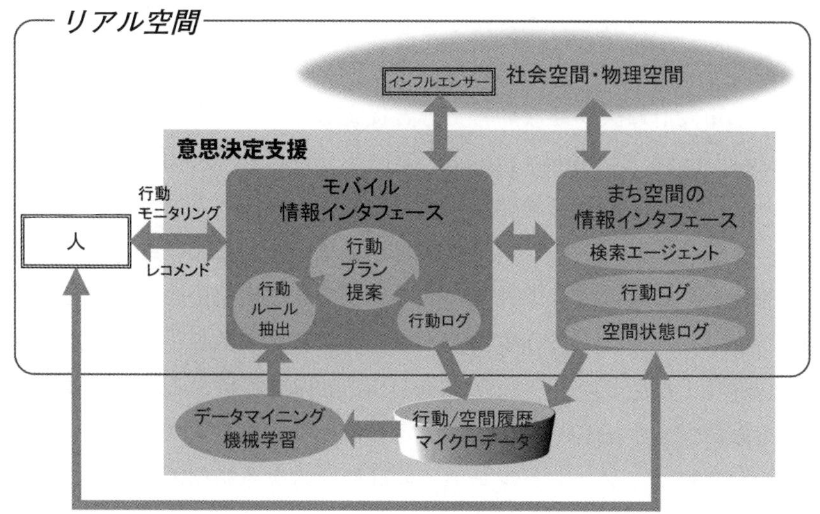

図 15 － 2　ソーシャルシティにおける情報利用

づくりの潤滑剤となる。

3. エコロジカルコミュニケーション

（1）生態学の都市への拡張

近年，自然環境とそこに生息する生物との関係性を主な対象としてきた生態学が，都市空間や人間，人工物も解析対象とする研究が増えてきた。例えば，地図上に，種がどこにどれくらいいたかという情報を，さまざまな種でマッピングして可視化し，地理空間情報などに数理モデルを組み合わせ，生物の生息環境の予測・評価地図を作成することができる。この地図上での解析により，空間保全優先順位付けによる生物多様性・生態系サービスの保全を考えたり，生物の移動分散など生物の connectivity を考慮しながら，コリドー（生物の通り道）設計や保全の優先順位を決めたりすることができる。これは都市空間に適用することも可能で，実際の都市空間における生物の生息数の多さや多様性を考えると，都市設計に欠かせない考え方と捉えることもできる。

Global Urban Evolution project（GLUE）という，都市進化のパターンを，全国の同時調査と地理空間情報を駆使して調べるプロジェクトもあり，生態調査においてはあまり議論されていない都市における環境条件を想定し，特定の環境条件の中での生物の生態が調査されている。手間のかかりそうなこのよう生物の生態の調査に画期的な手法も開発されいる。環境 DNA という，残存する DNA を採取解析することにより生息種を確認する手法もその一つで，定期的なモニタリングを可能にできる技術があれば，ソーシャルシティの評価システムに組み込むことも現実味を帯びてくる。

（2）NbS システム（Nature-based Solutions）

人間の活動や CPS による人工物の自律的な活動が活発になるにつれ，都市のシステムがその一部となっていると考える必要が増していく生態系を考えると，都市で存在し得る課題の解決に，自然資源の健全性と安全性の確保が重要となる。このような視点による自然に根ざした解決策は NbS（Nature-based Solutions）と呼ばれるが，ソーシャルシティにおける NbS システムは，実践の余地が大きくあり今後益々重要となる。たとえば温暖化によって深刻化する水害リスクはダムや堤防だけでは防ぎようがなく，流域全体の土地利用や自然の活用も含めた「流域治水」を導入するなどが始まっている。また，まちに持続可能性を持たせるためには，再生可能な自然資本の利用が重要である。再生可能な自然資本とは，再生が可能な資産としての生態系のことである（参考文献［3］）。この自然資本がまちで利用するエネルギー源になり，農林水産業を維持する。これに対し，再生が不可能な地下資源（鉱物，化石燃料など）は，使用すればその分減少し，いずれは枯渇する。これらの生態系は経済評価もされており，沿岸生態系には1ha あたり30,000 ドル以上，珊瑚礁には300,000 ドル以上の金銭価値があるとの報告もある（参考文献［4］）。さまざまな観測源から得た生態系データを統合した生態系ビッグデータを，地理空間情報の活用により，生態系のモデリングやリアルタイム評価予測に活用することもできる。このような仕掛けを通して，都市においても生物多様性や生態系サービスなどの自然資本の価値が可視化可能となる。結果的に，効率的かつ効果的な保全再生事業や可視化された都市生態の共有が行われ，人間社会に還元されるというシステムである，まちにおける自然資本の状態を常にモニタリングしデータ化することで，まちで利用するエネルギーの換算，また経済的取引での運用を可能にし，まちにおけるサステナブルな物資の循環や行動の誘発が促進されることが考えられる。

自然資本を可視化し，その情報をオープンな形で共有するシステムの例として，環境DNA を用いた魚類調査によるビッグデータ「ANEMONE DB」がある。このデータベースは，2022 年6 月に一般公開され，環境指標ともなる全国の魚類の生息状況をデータとして共有できる状況を実現している。環境DNA は，一杯の水のみから生物の種類を知る生物調査手法で，この手法の利用で，まちにおける市民参加型の調査と生態系管理を実現させることも難しくない。公開されているANEMONE DB のweb インタフェースは図15 － 3（口絵参照）のようにマップで表示されており，赤みが強いエリアほど登録されているサンプル数が多い地域である。一つのサンプルを選択すると，採集場所やデータを提供した個人名や団体名が表示され，図15 － 4のようにDNA の解析結果としてDNA が検出された魚種の学名が表示される。字の大きさは検出量に

Current distribution of all MiFish metabarcoding samples

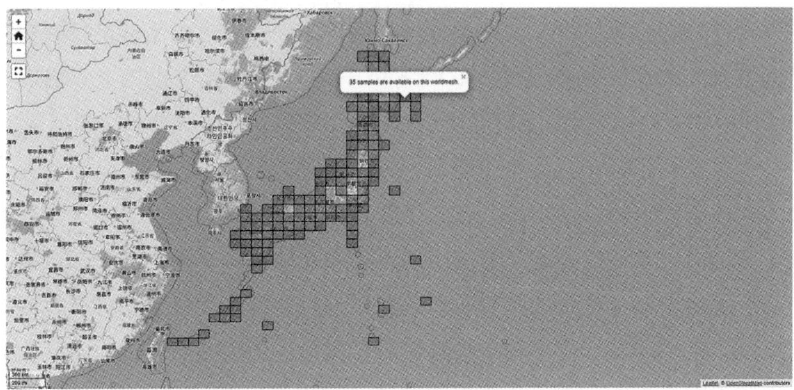

図 15 － 3　環境 DNA を用いた魚類調査によるオープンデータ「ANEMONE DB」（口絵－ 6 参照）
https://db.anemone.bio/

Enneapterygius etheostomus
Rhynchopelates oxyrhynchus
Lateolabrax japonicus
Tridentiger trigonocephalus
Embiotocidae Sebastes Chaetodontoplus Hexagrammos
Atherinomorus
Takifugu alboplumbeus Acanthopagrus Canthigaster rivulata
Enneapterygius Parablennius yatabei Siganus
Sardinops
Sardinella Girella punctata Plotosus japonicus
Thalassoma cupido
Hypomesus japonicus Dictyosoma burgeri Prionurus scalprum
Oplegnathus fasciatus Trachurus Pennahia argentata
Halieutaea Nuchequula nuchalis Chaetodon
Calotomus japonicus Engraulis japonicus Halichoeres tenuispinis
Stegastes
Enchelycore pardalis Mugil cephalus Abudefduf
Iso flosmaris
Sebastiscus marmoratus
Hemitrygon akajei Ditrema Gymnura japonica
Hexagrammos otakii
Konosirus punctatus
Omobranchus punctatus
Labracoglossa argenteiventris
Selar crumenophthalmus

図 15 － 4　環境 DNA の解析による DNA が検出された魚種の学名
出典：「ANEMONE DB」 https://db.anemone.bio/

対応している。

IoT, CPSといった技術がまちに組み込まれることにより，人間の社会活動から生態系まで動的に捉えながら，まちづくりを行うことが目指せる時代であり，サステナブルな都市をより多角的な視点から計画管理するための仕組みを考えることが可能になった。15章にわたり，このようなソーシャルシティを実現させる為の仕組みや実例，技術について述べてきたが，リアルな空間とバーチャルな空間の情報を，社会的意思決定が生じるタイミングを予測しながらシームレスに共有・活用することが，まちづくりの鍵となる。SDGsの概念や現代の技術活用を踏まえながら，未来の都市で何が実現できるか，考える余地は多くあり，今後においてもさらに多角的に課題が解決されていくことが期待される。

参考文献

［1］鈴木淳一，川原靖弘，吉田 寛．知人間親密度とSNSコンテンツに対する口コミ型評価の影響力との関係性把握手法．2016.

［2］赤川宏幸，井口雄太，川原靖弘，船橋俊一，鈴木淳一．40349，複合商業施設の屋外空間における快適感評価に関する研究：その1 夏季調査の測定概要と気象状況（市街地形態・熱環境，環境工学Ⅰ，学術講演会・建築デザイン発表会）．環境工学Ⅰ，2015（2015）：731-2.

［3］Russi D, Ten Brink P. Natural Capital Accounting and Water Quality: Commitments, Benefits, Needs and Progress. A Briefing Note. The Economics of Ecosystems and Biodiversity（TEEB）. 2013.

［4］Russi D, Ten Brink P, Farmer A, Badura T, Coates D, Förster J, et al. The Economics of Ecosystems and Biodiversity for Water and Wetlands. IEEP, London and Brussels; Ramsar Secretariat, Gland. 2013.

1．SNS を用いたコミュニケーションの可視化を行うための，行動の計測方法について考えてみよう。
2．身近な自然資本のデータ化の方法について考えてみよう。

索引

●配列は数字・アルファベット，五十音順。*は人名を示す。

●数字・アルファベット

●あ 行

●か　行

●さ　行

●た　行

●な　行

●は　行

●ま　行

●や　行

●ら行

分担執筆者紹介

（執筆の章順）

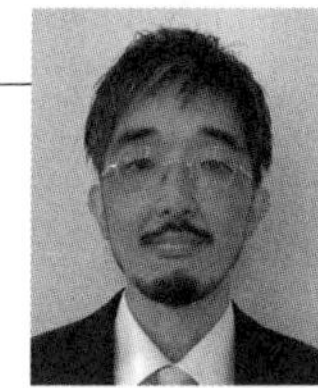

北　雄介（きた・ゆうすけ）

・執筆章→2・3

1982 年　兵庫県に生まれる
2012 年　京都大学大学院工学研究科建築学専攻博士課程修了，博士（工学）
　京都大学学際融合教育研究推進センターデザイン学ユニット　特定助教，同特定講師
現在　長岡造形大学造形学部建築・環境デザイン学科　助教
専門　建築・街づくり，街歩き，デザインプロセス論
主な著書　『デザイン学概論』（分担執筆，共立出版）2016
　『街歩きと都市の様相』（単著，京都大学学術出版会）2023

横窪　安奈（よこくぼ・あんな）

・執筆章→8・9

1986 年　神奈川県に生まれる
2010 年　公立はこだて未来大学システム情報科学部卒業
2012 年　お茶の水女子大学大学院修士課程修了
　同年　キヤノン株式会社入社
2015 年　トゥルク応用科学大学客員研究員
2017 年　青山学院大学助手，東洋大学非常勤講師
2019 年　お茶の水女子大学大学院博士課程単位取得退学
現在　青山学院大学理工学部情報テクノロジー学科助教，博士（理学）
専門　ヒューマンコンピュータインタラクション（HCI），エンタテインメントコンピューティング（EC），スキルサイエンス，情報デザイン
主な著書　『人間情報学　快適を科学する』（分担執筆，近代科学社 Digital）2021

新保　奈穂美（しんぽ・なおみ）

・執筆章→ 10・11

1987 年　埼玉県に生まれる
2010 年　東京大学農学部環境資源科学課程緑地生物学専修卒業
2015 年　同大学院新領域創成科学研究科自然環境学専攻博士課程修了，博士（環境学）
2016 年　筑波大学生命環境系助教
現在　兵庫県立大学大学院緑環境景観マネジメント研究科講師，兵庫県立淡路景観園芸学校景観園芸専門員，東北大学大学院国際文化研究科特任講師
専攻・専門　緑地計画学，造園学，都市計画学，まちづくり
主な著書　『まちを変える都市型農園　コミュニティを育む空き地活用』（単著，学芸出版社）2022

編著者紹介

川原　靖弘（かわはら・やすひろ）

・執筆章→1・6・7・15

1974年	群馬県に生まれる
2000年	京都工芸繊維大学繊維学部応用生物学科卒業
2005年	東京大学大学院新領域創成科学研究科環境学専攻博士後期課程修了，博士（環境学） 同年　東京大学大学院新領域創成科学研究科助手
2010年	神戸大学大学院システム情報学研究科特命講師
2010年	東京理科大学総合研究機構各員准教授（2012年まで）
2011年	放送大学教養学部，大学院文化科学研究科准教授，現在に至る
2019年	Université Jean Monnet, Laboratoire Hubert Curien, Visiting researcher
専攻	環境生理学，システム情報工学，認知科学，健康工学，移動体センシング
主な著書	『地理空間情報の基礎と活用』（共著，放送大学教育振興会）2022 『生活環境と情報認知』（共著，放送大学教育振興会）2020 『人間環境学の創る世界（シリーズ・環境の世界）』（共著，朝倉書店）2015

鈴木　淳一（すずき・じゅんいち）

・執筆章→4・5・12・13・14

1976年　茨城県に生まれる
2000年　同志社大学商学部卒業
同年　株式会社電通国際情報サービス（ISID）入社
2011年　株式会社電通国際情報サービス（ISID）オープンイノベーション研究所研究員
2019年　株式会社電通入社　電通イノベーションイニシアティブ局（DII）プロデューサー
2022年　株式会社電通グループ入社
同年　放送大学客員准教授
2023年　東京大学大学院新領域創成科学研究科博士後期課程単位取得退学
現在　株式会社電通グループ電通イノベーションイニシアティブ（DII）プロデューサー，IOWNリエゾンミーティングメンバー，MITテクノロジーレビューIU35アドバイザリ・ボードメンバー，一般社団法人ブロックチェーン推進協会（BCCC）理事
専門　Post City Science（未来都市），Inbound Scape（訪日価値向上），Future Currency（暗号通貨），Robotinity & Fashion（工芸繊維），Human Data Sensing（生体科学）の研究
主な作品　グランフロント大阪や神石高原ティアガルテンのICTコンセプトデザイン，メディアアート作品「Tree Tweets」（オーストリア・Ars Electronica・2015），ビエンナーレ作品「METCALF by Kyun_kun」（仏・Bains numeriques・2016）のプロデュース，『ブロックチェーン3.0』（監修，NTS），など

放送大学教材　1519417-1-2311（テレビ）

新訂　ソーシャルシティ

発　行　　2023年3月20日　第1刷
編著者　　川原靖弘・鈴木淳一
発行所　　一般財団法人　放送大学教育振興会
〒105-0001　東京都港区虎ノ門1-14-1　郵政福祉琴平ビル
電話 03（3502）2750

市販用は放送大学教材と同じ内容です。定価はカバーに表示してあります。
落丁本・乱丁本はお取り替えいたします。

Printed in Japan　ISBN978-4-595-32398-0　C1336